普通高等教育创新型人才培养规划教材

基础力学实验
（第 2 版）

秦莲芳　主编

顾晓辉　陈振中　王晓强　参编

北京航空航天大学出版社

内 容 提 要

本书根据普通高等院校"材料力学"和"工程力学"课程教学的基本要求以及沈阳航空航天大学"材料力学"和"工程力学"课程的教学大纲要求和实验室仪器设备情况编写而成,从实验目的、实验原理、实验方法与步骤、实验中的注意事项以及相关仪器设备的使用等方面进行了详细的阐述。书中主要介绍了力学实验的意义和内容、实验数据的误差分析及实验数据处理的基础知识及低碳钢和铸铁的拉伸、压缩、扭转实验,材料弹性常数 E、μ 的测定,梁弯曲正应力实验,弯扭组合变形实验,压杆稳定实验,超静定梁实验,电阻应变测试原理,实验仪器设备的主要功能和使用方法,常用力学符号、性能名称新旧标准对照表等内容。

本书可作为高等院校工科类专业"材料力学"和"工程力学"课程的实验教材教学使用。

图书在版编目(CIP)数据

基础力学实验 / 秦莲芳主编;顾晓辉,陈振中,王晓强参编. --2版. -- 北京:北京航空航天大学出版社,2022.11

ISBN 978-7-5124-3934-4

Ⅰ. ①基… Ⅱ. ①秦… ②顾… ③陈… ④王… Ⅲ. ①力学－实验 Ⅳ. ①O3-33

中国版本图书馆 CIP 数据核字(2022)第 201461 号

版权所有,侵权必究。

基础力学实验(第 2 版)

秦莲芳　主编

顾晓辉　陈振中　王晓强　参编

策划编辑　蔡　喆　　责任编辑　蔡　喆

*

北京航空航天大学出版社出版发行

北京市海淀区学院路 37 号(邮编 100191)　http://www.buaapress.com.cn

发行部电话:(010)82317024　传真:(010)82328026

读者信箱: goodtextbook@126.com　邮购电话:(010)82316936

三河市华骏印务包装有限公司印装　各地书店经销

*

开本:787×1 092　1/16　印张:6.5　字数:154 千字
2023 年 1 月第 2 版　2023 年 1 月第 1 次印刷　印数:3 000 册
ISBN 978-7-5124-3934-4　定价:19.00 元

若本书有倒页、脱页、缺页等印装质量问题,请与本社发行部联系调换。联系电话:(010)82317024

第 2 版前言

《基础力学实验》是高等院校"材料力学"和"工程力学"等基础力学课程的配套教材。本教材自 2015 年 1 月由北京航空航天大学出版社出版至今,在多所高等院校中使用,先后 6 次印刷。

自从《基础力学实验》教材出版之日起,我们一直在不断的检查和审视本教材。在多年的教学使用过程中,结合实验教学的实际情况,并广泛收集了授课老师的意见,我们决定对书中部分实验内容体系和结构进行一些补充、完善和调整,同时随着实验技术环境的变化,为了适应新的实验设备的发展与时俱进,书中部分内容也做了一些相应的更改,使之更加具有可操作性和实用性,以方便老师授课和学生学习。

本次教材主要在以下几方面进行了修订:

1. 更新并替换了过时的内容和资料,删除了部分陈旧的内容,增补了若干知识点。例如:在"2.2 拉伸时材料弹性常数 E、μ 的测定"和"2.7 压杆稳定实验"等中增补了实验内容,以增强学生实验技能、创新思维和工程能力的培养。

2. 完善和调整了教材中部分结构内容体系不完善的地方。

3. 更新附录中的实验报告,方便学生使用,培养学生整理、分析和处理实验数据的能力。

本次修订由沈阳航空航天大学秦莲芳主编,顾晓辉、陈振中、王晓强老师参加了本书部分内容的修订工作,邱福生、林林、孟村影、吕赞等老师及北京航空航天大学出版社的编辑老师对本书修订提出了许多宝贵意见,同时也参阅了相关资料文献,在此一并表示衷心的感谢!

由于水平有限,可能还存在许多不完善之处,敬请广大师生和读者批评指正。

编 者
2022 年 10 月于沈阳

目 录

第1章 绪 论 ··· 1
1.1 实验的意义和内容 ··· 1
1.2 实验须知 ··· 2
1.3 实验报告要求 ··· 3
1.4 误差分析及数据处理简介 ··· 4

第2章 实验项目 ·· 6
2.1 拉伸、压缩破坏实验 ·· 6
2.2 拉伸时材料弹性常数 E、μ 的测定 ··· 12
2.3 扭转破坏实验 ··· 16
2.4 剪切模量 G 的测定 ··· 21
2.5 梁弯曲正应力实验 ··· 24
2.6 弯扭组合变形实验 ··· 29
2.7 压杆稳定实验 ··· 35
2.8 超静定梁实验 ··· 39

第3章 电阻应变测试原理简介 ··· 41
3.1 电测法简介 ·· 41
3.2 电阻应变片的构造和工作原理 ·· 41
3.3 电桥测量原理 ··· 43

第4章 实验设备及测试原理 ·· 48
4.1 微机控制电子万能试验机 ·· 48
4.2 微机控制扭转试验机 ·· 50
4.3 材料力学多功能实验台 ··· 52
4.4 应变与力综合测试仪 ·· 54
4.5 静态电阻应变仪 ·· 60
4.6 百分表 ·· 63

附录 常用力学符号、性能名称新旧标准对照表 ·································· 64

参考文献 ·· 65

实验报告

实验 1　拉伸、压缩破坏实验

实验 2　拉伸时材料弹性常数 E、μ 的测定

实验 3　扭转破坏实验

实验 4　剪切模量 G 的测定

实验 5　梁弯曲正应力实验

实验 6　弯扭组合变形实验

实验 7　压杆稳定实验

实验 8　超静定梁实验

第1章 绪 论

1.1 实验的意义和内容

一、实验的意义

科学实验是每一位科技工作者必须掌握的重要技能,实验能力的高低是衡量科技工作者业务水平的重要尺度之一。

材料的力学实验是相关专业教学中的一个重要环节。材料的力学结论及定律、材料的力学性能等,都要通过实验来验证或测定;工程上各种复杂构件的强度、刚度和稳定性等问题的研究,最终也需要通过实验才能解决。所以,材料的力学实验不仅是《材料力学》《工程力学》等相关课程的重要组成部分,也是培养学生掌握基本实验技能和科学作风的重要教学环节。材料的力学实验丰富了学生的书本知识,增强了学生的实践技能,更重要的是提高了学生应用实验手段和方法去分析、研究和解决工程问题的能力。

二、实验的内容

材料的力学实验,按其实验的性质可分为三类:(1)测定材料的力学性能。(2)验证理论公式的正确性。(3)实验应力分析。

1. 测定材料的力学性能。材料的力学性能通常是通过拉伸、压缩、扭转、疲劳、硬度、冲击等实验来测定的。通过这些实验,可学会测试材料力学性能的基本方法。在工程上,各种材料的力学性能是设计构件时不可缺少的依据。

2. 验证理论公式的正确性。在理论分析中,将实际问题抽象为理想模型,并做出某些科学假设(如纯弯曲时的平面假设等),使问题简化,从而推出一般性结论和公式,这是理论研究中常用的方法。但是这些假设和结论是否正确,理论公式是否能应用于实际之中,必须通过实验来验证。

3. 实验应力分析。在工程实践中,很多构件的形状和受载情况比较复杂,单纯依靠理论计算不易得到正确的结果,必须用实验的方法来了解构件的应力分布规律,从而解决强度问题,这种方法称为实验应力分析。

经过材料的力学实验课程教学,使学生熟悉并了解常用实验仪器及设备的工作原理和使用方法,掌握基本的力学测试技术,加深对理论知识的理解,培养学生对理论课程的学习兴趣,使实验教学与理论教学既有机结合又相对独立,达到实验教学与理论教学的和谐统一。

1.2 实验须知

1. 实验前必须做好预习,了解实验的目的、原理、方法和步骤,写出实验预习报告,于实验课开始之前交指导教师。

2. 按预约实验时间准时进入实验室。凡不交实验预习报告或上课迟到者,一律不得参加当次实验,实验课开始时指导教师应对预习情况进行检查。

3. 实验时应严格遵守操作规程,注意安全。如实验中实验仪器、设备、试件、工具等发生故障,应立即向指导教师报告,及时检查,排除故障后,方能继续实验。

4. 实验进行中,要认真操作,仔细观察各种现象,如实记录实验数据,积极思考分析。对于由两人以上共同完成的实验要明确分工,努力培养合作进行科学实验的能力。

5. 记录的实验数据经指导教师认可后方为有效。实验结束后应及时编写实验报告,对于不符合要求的实验报告予以退回重做。

6. 保持实验室整洁,爱护仪器、设备、工具等。实验结束后,将所用仪器设备复原,清理实验现场,经指导教师检查后方可离开实验室。

7. 杜绝抄袭他人的实验报告及替做实验等不诚信行为。一经发现,对抄袭、被抄袭他人实验报告者及应做、替做实验者的实验成绩一律按不及格评分。

8. 凡有单个实验无成绩或成绩不及格者,不得参加该课程学期考试;或者即使参加了考试,该课程的最终成绩也是按不及格记录。

1.3 实验报告要求

实验报告是实验者最后提交的成果,是实验资料的总结。实验报告应当保持原始实验数据的完整、准确、清晰,不能随意更改实验数据。实验报告一般应包括下列内容:

1. 实验名称、实验日期、实验者及组员姓名。
2. 实验目的。
3. 绘制实验装置简图,并注明使用仪器、设备的名称和编号。
4. 实验原理的简述。原理叙述言简意赅,准确到位。
5. 实验步骤层次清晰。
6. 实验结果的处理:

(1) 实验数据用表格形式记录;

(2) 计算中所用公式应明确列出,实验数据代入公式中,计算过程清楚,数据处理真实、准确;

(3) 曲线、图形要求正确、整洁;

(4) 实验数据的误差分析讨论;

(5) 实验结果用国际单位制表示;

(6) 回答思考题;

(7) 文字说明通顺,书写工整。

1.4 误差分析及数据处理简介

一、误差的概念及分类

实验中,依靠各种仪表、量具测量某个物理量时,由于主客观原因,总不可能测得该物理量的真值,即在测量中存在着误差。若对实验数据取舍和误差分析得当,则一方面可以避免不必要的误差,另一方面可以正确地处理测量数据,使其最大限度地接近真值。

测量误差根据其产生原因和性质可以分为系统误差、过失误差和随机误差。实验时,必须明确自己所使用的仪器、量具本身的精度,创造良好的环境条件,认真细致地工作,这样就可使误差控制在最小程度。

二、系统误差的消除方法

分析实验中的具体情况,可以尽可能地减小甚至消除系统误差。常用的方法有:对称法、校正法、增量法。

1. 对称法。材料的力学实验中所采用的对称法包括两类:对称读数、加载对称。

(1) 对称读数。例如在电测实验中,在试件对称部位分别粘贴应变片,采用相应的组桥方式,可以消除加载偏心造成的影响。

(2) 加载对称。在加载和卸载时分别读数,这样可以发现可能出现的残余应力、应变,减小过失误差。

2. 校正法。经常对实验仪器、仪表进行校正,以减小因仪器、仪表不准所造成的系统误差。

3. 增量法(逐级加载法)。当需要测量某杆件的变形或应变时,在比例极限内,载荷由 F_1 增加到 $F_2, F_3, \cdots, F_n$,在测量仪表上,便可以读出各级载荷所对应的读数 $A_1, A_2, \cdots, A_i$。$\Delta A = A_i - A_{i-1}$ 称为读数差。各个读数的平均值就是当载荷增加 ΔF(通常载荷都是等量增减)时的平均变形或应变。

增量法可以避免某些系统误差的影响。例如:试验机如果有摩擦力 F_f(常量)存在,则每次施加于试件上的真实力为 $F_1 + F_f, F_2 + F_f \cdots$。再取其增量 $\Delta F = (F_2 + F_f) - (F_1 + F_f) = F_2 - F_1$,摩擦力 F_f 消除了。如果采用增量法,而实验过程中自始至终又都是同一个人读数,个人的偏向所带来的系统误差也可以消除。

实验过程中,记录人员如果随时仔细计算先后两次读数差,还可以消除由于实验者粗心所导致的过失误差。

材料的力学实验中,通常采用增量法。

三、实验数据处理的规定

1. 读数规定

从仪表或量具上读出的标度值是实验的原始数据,要认真对待,如实地记录下来,不得进行任何加工处理。

2. 数据取舍规定

明显不合理的实验结果通常称为异常数据。例如:外载增加了,变形反而减小;理论上应为拉应力的区域测出为压应力等。这种异常数据往往由过失误差造成,发生这种情况时首先找出数据异常的原因,再重新进行测试。对于明显不合理数据产生的原因也应在实验报告中进行分析讨论。

3. 实验结果运算规定

1) 实验结果运算遵循有效数字的计算规则。

(1) 加减法运算时,各位所保留的小数点后的位数应与各数中小数点后位数最少的相同。例如:

$$8.436+0.0072+13.49$$

应写为

$$8.44+0.01+13.49=21.94$$

而不应算成 21.9332。

(2) 乘除法时,各因子保留的位数以有效数字最少的为准,所得积或商的准确度不应高于准确度最低的因子。

(3) 大于或等于四个数据计算平均值时,有效数增加一位。

2) 实验结果用国际单位制表示。

3) 对于理论值的验证实验,应计算实验值和理论值之间的相对误差。

$$相对误差(\delta) = \left| \frac{理论值 - 实验值}{理论值} \right| \times 100\%$$

若理论值为零,计算误差时采用绝对误差。

$$绝对误差(\Delta) = |理论值 - 实验值|$$

第 2 章 实验项目

2.1 拉伸、压缩破坏实验

一、实验目的

1. 观察分析低碳钢和铸铁材料的拉伸、压缩过程及破坏形式,比较其力学性能。
2. 测定低碳钢材料在拉伸时的屈服强度、抗拉强度、伸长率、断面收缩率和铸铁材料在拉伸时的抗拉强度。
3. 了解试验机的构造原理,掌握试验机的使用操作方法。

二、实验设备与量具

1. 微机控制电子万能试验机。
2. 游标卡尺、垫铁、刻度尺等。

三、试 件

试件的尺寸和形状对试验结果影响较大。为了便于比较各种材料的力学性能,对试件的尺寸和形状国家标准中有统一规定。本实验的拉伸试件采用 GB/T228.1—2010《金属材料室温拉伸试验第 1 部分:室温试验方法》所规定的圆柱形比例试件,如图 2.1 所示,试验段的直径 $d=10$ mm,标距 $L_o=10d$ 或 $L_o=5d$,两端较粗部分是夹持段,安装于试验机夹头中,试件两端头部之间平行部分的长度为平行长度 L_c,平行长度 $L_c \geqslant L_o+d/2$。压缩试件采用 GB/T 7314—2017《金属材料 室温压缩试验方法》所规定的圆柱体(通常规定长度 L 与直径 d 之比为:$1 \leqslant \dfrac{L}{d} \leqslant 3$),如图 2.2 所示,直径 $d=15$ mm,长度 $L=22$ mm。

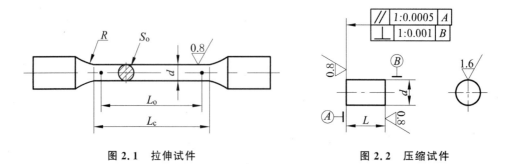

图 2.1 拉伸试件　　　　　图 2.2 压缩试件

四、实验原理

塑性材料与脆性材料在拉伸过程中有明显不同的力学现象。

图 2.3 表示低碳钢的拉伸过程曲线。拉伸过程由弹性变形阶段 OA、塑性屈服阶段 AC、强化阶段 CD、局部颈缩阶段 DE 组成。弹性阶段 OA 没有任何残余变形,载荷与变形是成比例同时存在的;屈服阶段 AC 呈锯齿形,上屈服点 A 对应的上屈服载荷 F_{eH} 受加载速度和试件形状等因素的影响较大,一般是不稳定的;而下屈服点 B 对应的下屈服载荷 F_{eL} 则比较稳定,能反映材料的性能,故工程上以 B 点对应的载荷作为材料屈服时的载荷。试件拉伸达到最大载荷 F_m 之前,在标距范围内的变形是均匀的;从最大载荷开始,出现局部伸长加快和颈缩;由于颈缩处的横截面面积迅速减小,以同样的位移速度继续拉伸所需的载荷也相应地变小,直至 E 点断裂为止。

注:上屈服载荷是试件发生屈服,而力首次下降前的最大载荷;下屈服载荷是试件发生屈服,不计初始瞬时效应时的最小载荷。

图 2.4 表示铸铁的拉伸过程曲线。它的特点是在很小的应力下就不是直线,在没有明显的塑性变形下断裂,并且断口平齐。

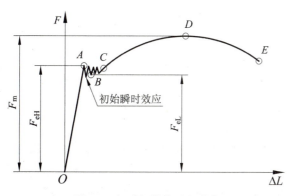

图 2.3 低碳钢拉伸过程曲线

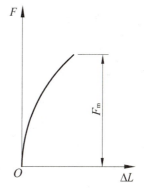

图 2.4 铸铁拉伸过程曲线

低碳钢试件压缩时有较短的屈服阶段,过了屈服阶段,试件随压力的增大而明显地产生较大的塑性变形,愈压愈扁,横截面面积逐渐增大,但试件不可能压破坏,则测试不到材料压缩时的抗压强度。故对低碳钢试件压缩过屈服,并呈明显的鼓状后,即可卸载取下试件。图 2.5 表示低碳钢的压缩过程曲线。

图 2.6 表示铸铁的压缩过程曲线。铸铁试件受轴向压加载时,当达到最大载荷前,出现较明显的变形,随之破裂。因在 45°斜截面上作用着数值最大的切应力,断裂后,其断口与轴线大致呈 45°角。

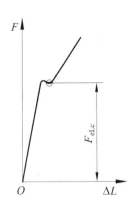
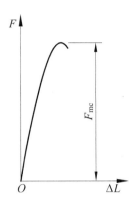

图 2.5　低碳钢压缩过程曲线　　　　图 2.6　铸铁压缩过程曲线

五、实验步骤

1. 试件准备

（1）根据敲击声音、表面亮度，选择低碳钢和铸铁拉伸、压缩试件。用游标卡尺测量拉伸试件标距两端及中间三个横截面处的直径，并在每一横截面处的互相垂直方向各测一次取其平均值，用最小平均直径计算试件的原始横截面面积 S_0；

（2）用刻度板在低碳钢拉伸试件标距 L_0 范围内每隔 10 mm 打一标记，将标距 L_0 分成 10 格。

2. 试验机准备

（1）检查各电缆连接是否完好，限位装置是否正常。

（2）首先打开主机，然后打开控制器，通电预热 15 分钟。

（3）打开计算机，运行试验程序。

3. 操作步骤

（1）进行试验方式、试验参数设置及试验数据选择。

注意：试验速度的设置。低碳钢是塑性材料，屈服之前设置慢速，屈服过后要缓慢提速；铸铁是脆性材料，实验整个过程保持慢速。

（2）安装试件。通过操作盒调节机器横梁升降，使之适合拉伸或压缩实验要求。调整时注意观察横梁与下工作台间的空余距离，严防过载，避免损坏机器。

注意：① 拉伸时先夹紧试件上端，调节机器横梁于合适位置后，再夹紧试件下端。夹具夹持试件的长度应不小于夹块长度的 3/4。试件夹紧后，不能再启动夹头升降，否则会烧坏电机。

② 压缩时将试件放在试验机球形支座的中心处，调节机器横梁于合适位置。

（3）正式加载，观察实验现象。

注意：① 低碳钢压缩时，超过屈服阶段，呈明显的鼓状后，即可停止实验。

② 铸铁压缩时，不要靠近试件探望，以防试件破坏时碎片飞出伤人。

（4）打印实验报告。

（5）卸下试件，观察试件的断口形状。

如果低碳钢拉伸试件断口在试件标距中间三分之一处，则将拉伸断裂试件的两段对齐并尽量挤紧，测量断裂后的标距 L_u、断口（颈缩）处的直径 d_u（垂直两次测量），并计算断口处最小横截面面积 S_u。当断口不在标距中间三分之一区间内，则需要按下述断口移中方法测定断裂后的标距 L_u。

在长段上从断口 O 处取基本等于短段的格数得 B 点。若长段所余格数为偶数，如图 2.7(a) 所示，取其一半得 C 点，则 $L_u=AB+2BC$；若长段所余格数为奇数，如图 2.7(b) 所示，分别取所余格数减一格后的二分之一得 C 点和所余格数加一格后的二分之一得 D 点，则 $L_u=AB+BC+BD$；当断口在标距以外时，实验结果无效。

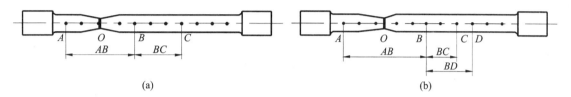

图 2.7 断口移中法确定伸长率示意图

六、实验前后试件数据的测量

实验前准备

(a) 测量标距两端及中间三个横截面处的直径，并在每一横截面的互相垂直方向各测一次，取其平均值。

(b) 用刻度板在低碳钢试件标距 L_0 范围内每隔 10 mm 打一标记，将标距 L_0 分成 10 格。

实验后准备

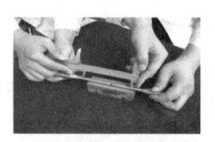

(c) 将低碳钢断裂试件的两段对齐并尽量挤紧，测量断裂后的标距用于计算伸长率 A。

(d) 将低碳钢断裂试件的两段对齐并尽量挤紧，测量断口(颈缩)处的直径，用于计算断面收缩率 Z。

图 2.8 实验前后试件数据的测量

七、实验数据记录

表 2.1　拉伸试件测量值

材　料	标距 L_o/mm	实验前直径 d/mm									最小平均直径 d/mm
		横截面 I			横截面 II			横截面 III			
		1	2	平均	1	2	平均	1	2	平均	
低碳钢											
铸　铁											

表 2.2　拉伸试件实验值

材　料	下屈服载荷 F_{eL}/kN	最大载荷 F_m/kN
低碳钢		
铸　铁		—

表 2.3　低碳钢拉伸试件断后测量值

材　料	断后标距 L_u/mm	实验后断口直径 d_u/mm		
		1	2	平均
低碳钢				

表 2.4　试件破坏形式简图

拉伸试件	低碳钢	
	铸　铁	
压缩试件	低碳钢	
	铸　铁	

八、实验结果数据处理

1. 计算低碳钢在拉伸时的下屈服强度 R_{eL}、抗拉强度 R_m、伸长率 A 和断面收缩率 Z，其值分别为：

$$R_{eL}=\frac{F_{eL}}{S_o},\ R_m=\frac{F_m}{S_o},\ A=\frac{L_u-L_o}{L_o}\times 100\%,\ Z=\frac{S_o-S_u}{S_o}\times 100\%。$$

2. 计算铸铁在拉伸时的抗拉强度 R_m；其值为：$R_m=\dfrac{F_m}{S_o}$。

3. 在同一坐标系中绘制低碳钢和铸铁拉伸曲线 $F-\Delta L$ 图,并标注下屈服载荷 F_{eL}、最大载荷 F_m 值。

九、思考题

1. 分析比较低碳钢和铸铁材料在拉伸、压缩时的变形、强度、破坏方式等力学性能。

2. 为什么在拉伸、压缩实验中必须采用标准比例试件?材料和直径相同而标距分别为 $5d$ 和 $10d$ 的两种拉伸试件,其屈服强度、抗拉强度、伸长率和断面收缩率是否相同?为什么?

3. 拉伸、压缩实验产生的材料力学性能数据在工程上有何使用价值?

2.2 拉伸时材料弹性常数 E、μ 的测定

一、实验目的

1. 验证虎克定律,测定金属材料的弹性模量与泊松比。
2. 掌握电测法的基本原理及电阻应变仪的使用方法。
3. 熟悉不同接桥方法及电桥接线测量的技巧。

二、实验设备与量具

1. 材料力学多功能实验台。
2. 电阻应变仪。
3. 矩形试件实验装置、温度补偿片、游标卡尺、直尺等。

三、试 件

本实验采用电测法来测定弹性模量 E 和泊松比 μ,试件为矩形薄直板,在试件轴线中部位置沿纵向与横向分别粘贴四枚电阻应变片 R_1、R_1'、R_2、R_2',另在试件不受力区粘贴两枚温度补偿片,如图 2.9 和图 2.10 所示。

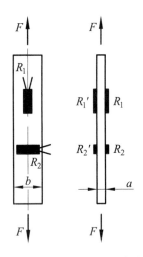

图 2.9 试件形状及布片图

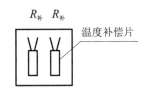

图 2.10 温度补偿块

四、实验原理

测定金属材料的弹性模量 E、泊松比 μ,采用在比例极限内的拉伸试验。材料在比例极限内服从胡克定律,试件拉伸时,变形 ΔL 与拉伸载荷 F 其关系式为:

$$\Delta L = \frac{FL}{ES} \tag{2.1}$$

式中:L——试件标距;S——试件横截面面积。

由式(2.1)可得:

$$E = \frac{F}{\varepsilon S} = \frac{\sigma}{\varepsilon} \tag{2.2}$$

本实验采用图 2.11 所示的全桥接线法和图 2.12 所示的并联半桥接线法。不同的组桥接线方式,所得的读数应变值是不同的。在实际应用时,应根据具体情况和要求灵活应用。

当试件受力变形后,电阻应变片的阻值将随之产生相应的改变,通过电阻应变仪测出应变 ε 值。

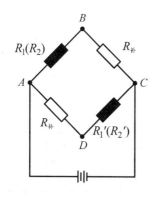

图 2.11 全桥接线

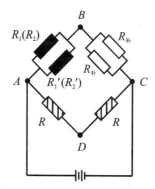

R—仪器内固定电阻

图 2.12 并联半桥接线法

为了验证胡克定律和尽可能地缩小测量误差,采用增量法。即把欲加的最终载荷分成若干等分,逐级加载来测量试件的变形,若每增加一级载荷 ΔF,由电阻应变仪测出相应的应变增量 $\Delta \varepsilon$ 大致相等,便验证了胡克定律,则式(2.2)可改写为:

$$E = \frac{\Delta F/S}{\Delta \varepsilon} = \frac{\Delta \sigma}{\Delta \varepsilon} \tag{2.3}$$

受拉试件轴向伸长,必然引起横向缩短。在每级载荷下,同时测出纵向应变 $\varepsilon_纵$ 值和横向应变 $\varepsilon_横$ 值。实验表明,在弹性范围内,两者之比为一常数,该常数称为泊松比或横向变形系数,则泊松比 μ 为:

$$\mu = \left| \frac{\overline{\Delta \varepsilon_横}}{\overline{\Delta \varepsilon_纵}} \right| \tag{2.4}$$

五、实验步骤

1. 测量试件

在试件标距范围内,测量试件厚度 a、宽度 b,计算试件的横截面面积 S。

2. 拟定加载方案

根据试件的屈服强度和截面积,估算实测时能施加的最大载荷 F_m,选取适当的初载荷 F_0。(通常取 $F_0 = 10\% F_m$),确定加载级数 n(一般分 4~6 级加载)及每级载荷增量 ΔF。

3. 调整实验加载装置。

4. 接线、调试仪器

分别按图 2.11 所示的全桥接线法和图 2.12 所示的并联半桥接线法,将电阻应变片引出线接到电阻应变仪上。设置电阻应变仪参数,调试仪器及实验装置,检查整个系统是否处于正常工作状态。

5. 加载测试

缓慢匀速加载至初载荷 F_0,记录各点应变的初始读数;然后分级等增量加载,记录各次加载所测得的纵、横向应变值,直到最终载荷。随时计算先后两次读数差值,以判断工作是否正常,如发现问题,找出原因,并采取相应措施。实验至少重复 3 次,取 3 组实验数据的平均值(或者取实验数据中最好的一组)填入表 2.6。

6. 完成实验后,卸掉载荷,将所用仪器设备复原,清理实验现场。

注意:测试过程中,不要随意触动应变片、连接导线等,以免影响测试数据结果。

六、实验数据记录

表 2.5 试件数据

材料名称牌号	长度 L/mm	厚度 a/mm	宽度 b/mm	横截面面积 S/mm²

表 2.6 实验值

应变 $\varepsilon/\mu\varepsilon$ 载荷 F/N	全桥				并联半桥			
	$\varepsilon_纵$	$\Delta\varepsilon_纵$	$\varepsilon_横$	$\Delta\varepsilon_横$	$\varepsilon_纵$	$\Delta\varepsilon_纵$	$\varepsilon_横$	$\Delta\varepsilon_横$
$F_0=$								
$F_1=F_0+\Delta F=$								
$F_2=F_1+\Delta F=$								
$F_3=F_2+\Delta F=$								
$F_4=F_3+\Delta F=$								
$F_5=F_4+\Delta F=$								
应变增量均值 $\overline{\Delta\varepsilon}$								

七、实验结果数据处理

1. 根据全桥接线法的实验记录数据,计算纵向弹性模量 E 值及泊松比 μ 值。
2. 根据并联半桥接线法的实验记录数据,计算纵向弹性模量 E 值及泊松比 μ 值。
3. 根据全桥接线法、并联半桥接线法测试过程中的每次加载所得的纵向应变读数值,分别绘制 $\sigma-\varepsilon$ 曲线(纵坐标表示正应力 σ,横坐标表示应变 ε)。

八、思考题

1. 测定弹性模量 E 和泊松比 μ 时,如果不加初载荷或初载荷不够大时,对实验结果会产生什么影响?

2. 分级次等增量逐级加大载荷测试的目的是什么?哪些因素会影响测试结果?

3. 试件的尺寸和截面形状对测定弹性模量 E 有无影响?为什么?

2.3 扭转破坏实验

一、实验目的

1. 观察分析低碳钢和铸铁材料的扭转过程及破坏形式,比较其力学性能。
2. 测定低碳钢材料在扭转时的屈服强度、抗扭强度和铸铁材料在扭转时抗扭强度。
3. 了解扭转试验机的构造原理,掌握试验机的使用操作方法。

二、实验设备与量具

1. 微机控制电子扭转试验机。
2. 游标卡尺等。

三、试 件

本实验的扭转试件采用 GB/T 10128—2007《金属材料 室温扭转试验方法》所规定的圆柱形比例试件,如图 2.13 所示,试验段的直径 $d=10$ mm,标距 $L_o=10d$,两端较粗部分是夹持段,安装于试验机夹头中,试件两端头部之间平行部分的长度为平行长度 L_c,平行长度 $L_c \geqslant L_o + 2d$。

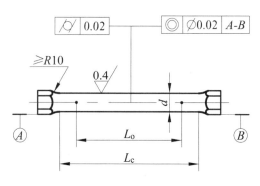

图 2.13 扭转试件

四、实验原理

圆轴承受扭转时,横截面边缘上任一点处于纯剪切应力状态,如图 2.14 所示。由于纯剪切应力状态是属于二向应力状态,两个主应力的绝对值相等,大小等于横截面上该点处的切应力,主应力与轴线成 45°角。圆轴扭转时横截面上有最大切应力,而 45°斜截面上有最大拉应力。由于低碳钢的抗扭强度低于抗拉强度,试件横截面上的最大切应力引起沿横截面剪断破坏,断口垂直于轴线,扭转过程曲线如图 2.15 所示。而铸铁抗拉强度低于抗扭强度,试件由与轴线成 45°的斜截面上的主应力引起拉断破坏,断口大致呈 45°螺旋面,扭转过程曲线如图 2.16 所示。

在图 2.15 表示低碳钢的扭转过程曲线中,直线段 OA 表明试件在扭矩 T 小于比例极限相对应的扭矩 T_p 时,材料完全处于弹性阶段,扭矩 T 与扭转角 φ 成比例,横截面上的切应力呈线性分布,材料服从胡克定律,如图 2.17(a)所示。当扭矩 T 达到 T_p 时,试件表面开始屈

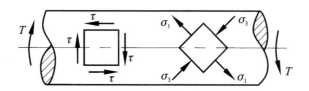

图 2.14 圆轴扭转时的表面应力状态

服。当扭矩 T 超过 T_P 后,横截面上的切应力分布发生变化,呈非线性分布,如图 2.17(b)所示,在试件的横截面上形成了一个环形塑性区,并随着扭矩 T 的增加。塑性区逐渐向圆心扩展,直至整个横截面完全达到屈服状态,如图 2.17(c)所示。

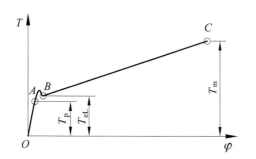

图 2.15 低碳钢扭转过程曲线

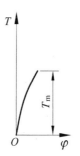

图 2.16 铸铁扭转过程曲线

(a) $T<T_p$ 时切应力分布图

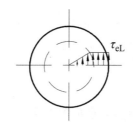

(b) $T_p<T<T_{eL}$ 时切应力分布图

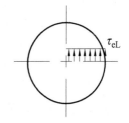

(c) $T=T_{eL}$ 时切应力分布图

图 2.17 试件横截面上切应分布图

在屈服阶段,扭矩基本不动或呈下降趋势的轻微波动,而扭转变形继续增加,当试件发生屈服而扭矩首次下降前的最大扭矩为上屈服扭矩 T_{eH};屈服期间的最小扭矩为下屈服扭矩 T_{eL}。下屈服扭矩比较稳定,工程上采用下屈服扭矩作为材料屈服时的扭矩。

根据静力平衡条件,可以求得下屈服强度 τ_{eL} 与 T_{eL} 的关系为:

$$T_{eL} = \int_S \rho \tau_{eL} dS$$

式中:ρ——截面上点到圆心的距离。

将式中微分面积 dS 用环形面积元素 $2\pi\rho d\rho$ 表示,则有

$$T_{eL} = \int_0^{\frac{d}{2}} 2\pi \tau_{eL} \rho^2 d\rho = \frac{\pi d^3}{12} \tau_{eL} = \frac{4}{3} W \tau_{eL}$$

故下屈服强度为：

$$\tau_{eL} = \frac{3}{4} \cdot \frac{T_{eL}}{W_t} \tag{2.5}$$

式中：$W_t = \dfrac{\pi d^3}{16}$ 为试件的抗扭截面系数。

试件再继续变形，材料进一步强化。从图 2.15 看出，当扭矩 T 超过下屈服扭矩 T_{eL} 后，扭转角 φ 增加很快，而扭矩 T 增加很小，BC 近似一根不通过坐标原点的直线，当达到扭转图上 C 点最大扭矩 T_m 时，试件被剪断，沿横截面断开。与式(2.5)相似，可得抗扭强度为：

$$\tau_m = \frac{3}{4} \cdot \frac{T_m}{W_t} \tag{2.6}$$

为了试验结果相互之间的可比性，根据国标 GB/T 10128—2007《金属材料 室温扭转试验方法》规定，低碳钢下屈服强度 τ_{eL} 和抗扭强度 τ_m 均按弹性应力公式计算。即

$$\tau_{eL} = \frac{T_{eL}}{W_t}, \qquad \tau_m = \frac{T_m}{W_t} \tag{2.7}$$

图 2.16 表示铸铁的扭转过程曲线。铸铁试件扭转时，其扭转过程曲线不同于拉伸过程曲线，它有比较明显的非线性偏离，但由于试件变形很小时就突然沿着与轴线大致呈 45°的螺旋线方向断裂，通常计算抗扭强度时，将曲线近似为一条直线，近似地按弹性应力公式计算。即

$$\tau_m = \frac{T_m}{W_t} \tag{2.8}$$

五、实验步骤

1. 试件准备

根据敲击声音、表面亮度，选择低碳钢和铸铁扭转试件。用游标卡尺测量试件标距两端及中间三个横截面处的直径，并在每一横截面处的互相垂直方向各测一次取其平均值，用最小平均直径计算试件的抗扭截面系数 W_t。

2. 试验机准备

(1) 检查各电缆连接是否完好，限位装置是否正常。

(2) 首先打开主机，然后打开控制器，通电预热 15 分钟。

(3) 打开计算机，运行试验程序。

3. 操作步骤

(1) 进行试验方式、试验运行参数设置及试验数据选择。

注意：试验速度的设置。低碳钢是塑性材料，屈服之前设置慢速，屈服过后要缓慢提速；铸铁是脆性材料，实验整个过程保持慢速。

(2) 安装试件。先将试件一端安装于试验机的固定夹头上，调节好试验机活动夹头位置，并将试件另一端安装于活动夹头，夹紧试件两端。在试件表面沿轴向画一条直线以观察试件扭转变形现象。

注意：夹具应夹持试件全部夹持段。

(3) 正式加载，观察实验现象。

注意：铸铁扭转时，不要靠近试件探望，以防试件破坏时碎片飞出伤人。

(4)打印实验报告。

(5)卸下试件。观察试件的断口形状。

六、实验数据记录

表 2.7 试件测量值

材 料	标距 L_0/mm	实验前直径 d/mm									最小平均直径 d/mm
		横截面Ⅰ			横截面Ⅱ			横截面Ⅲ			
		1	2	平均	1	2	平均	1	2	平均	
低碳钢											
铸 铁											

表 2.8 实验值

材 料	下屈服扭矩 T_{eL}/(N·m)	最大扭矩 T_m/(N·m)
低碳钢		
铸 铁	—	

表 2.9 试件破坏形式简图

低碳钢	铸 铁

七、实验结果数据处理

1. 根据低碳钢材料的下屈服扭矩 T_{eL} 及最大扭矩 T_m,计算其下屈服强度 τ_{eL}、抗扭强度 τ_m。

2. 根据铸铁材料的最大扭矩 T_m,计算其抗扭强度 τ_m。

3. 在同一坐标系中绘制低碳钢和铸铁材料的扭转曲线 $T-\varphi$ 图,并标注下屈服扭矩 T_{eL}、最大扭矩 T_m 值。

八、思考题

1. 根据低碳钢和铸铁材料的扭转试件破坏的断口形状,分析其破坏原因。

2. 低碳钢材料在拉伸和扭转破坏实验时,从进入变形阶段直至破坏断裂整个过程中,两者变形有何明显的区别?

3. 铸铁材料在压缩和扭转破坏实验中,断口外缘与轴线的夹角是否一样?其破坏原因是否相同?为什么?

2.4 剪切模量 G 的测定

一、实验目的

1. 测定金属材料的剪切模量 G，并验证剪切胡克定律。
2. 了解扭转测 G 仪的构造原理，掌握其使用操作方法。

二、实验设备与量具

1. 扭转测 G 仪。
2. 游标卡尺、直尺、百分表等。

三、实验原理

圆轴承受扭矩时，材料处于纯剪切应力状态，因此不同材料在纯剪切状态下的力学性能通常用扭转实验来研究。在比例极限范围内，材料的切应力 τ 与切应变 γ 成正比，即满足剪切胡克定律：

$$\tau = G\gamma \tag{2.9}$$

由此可得出圆轴受扭时扭转角 φ 的理论值为：

$$\varphi = \frac{TL}{GI_p} \tag{2.10}$$

式中：φ —— 扭转角；
T —— 扭矩；
L —— 试件标距；
G —— 剪切模量；
I_p —— 截面的极惯性矩。

$$I_p = \frac{\pi d^4}{32} \tag{2.11}$$

如图 2.18 所示的扭转测 G 仪，圆截面试件一端固定，另一端可绕其轴线自由转动。实验时，采用增量法逐级加载。扭转测 G 仪上左右固定架之间的距离为 L，如果每次增加同样大小的扭矩增量 ΔT，标距两端截面之间的相对扭转角增量 $\Delta \varphi$ 基本相等，这样便验证了剪切胡克定律。根据各级扭转角增量的平均值 $\overline{\Delta \varphi}$，即可计算出剪切模量 G 为：

$$G_{实} = \frac{\Delta T \cdot L}{\Delta \varphi \cdot I_p} \tag{2.12}$$

试件按选定的标距 L 将左右固定架安装好，当对试件施加扭矩 T 时，左右固定架所在两截面发生相对转动，百分表显示出距试件中心轴线距离为 b，分别在左右固定架所在截面上两点的相对位移为 δ。故左右固定架所在截面的相对扭转角 φ 的实验值为：

$$\varphi = \frac{\delta}{b} \tag{2.13}$$

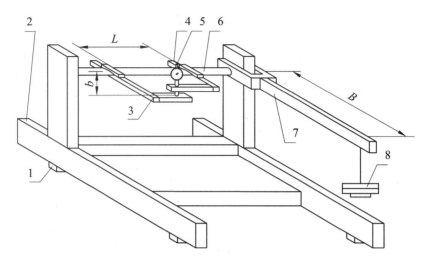

1—调节螺钉;2—底座;3—左固定架;4—右固定架;
5—百分表;6—试件;7—力臂;8—砝码

图 2.18 扭转测 G 仪结构示意图

四、实验步骤

1. 测量试件

(1) 在试件标距范围内,用游标卡尺测量标距两端及中间三个横截面处的直径,并在每一横截面处的互相垂直方向各测一次,取其平均值作为试件直径 d,用于计算截面的极惯性矩 I_p。

(2) 测量扭转测 G 仪左右固定架所在截面的距离(试件标距)L,百分表触点与试件轴线的距离(扭角仪臂长)b。

2. 调整实验装置

检查扭转测 G 仪各连接件是否完好,使百分表指针预先转过一定数值后,百分表调零。

3. 拟定加载方案

根据试件的屈服强度、截面积及百分表的量程拟定加载方案,估算实验时能施加的最大载荷 T_m,选取适当初载荷 T_0(通常取 $T_0=10\% T_m$),确定加载级数 n(一般分 4~6 级加载)及每级载荷增量 ΔT。

4. 加载测试

逐级加载,每加一次砝码,记录一次百分表读数,直到最终载荷。随时计算先后两次读数差值,以判断工作是否正常。加砝码时要缓慢轻放。实验至少重复 3 次,取 3 组实验数据的平均值(或者取实验数据中最好的一组)填入表 2.11。

注意:加砝码时要缓慢轻放,前后砝码交叉放置,避免砝码掉落。

5. 完成实验后,卸掉载荷,清理实验现场。

五、实验数据记录

表 2.10　试件测量值

材料名称牌号	标距 L/mm	实验前直径 d/mm						平均直径 d/mm	扭角仪臂长 b/mm
		横截面Ⅰ		横截面Ⅱ		横截面Ⅲ			
		1	2	1	2	1	2		

表 2.11　实验值

扭矩 $T/(\text{N}\cdot\text{m})$		T_0	T_1	T_2	T_3	T_4
扭角仪	位移 δ/mm					
	$\Delta\delta/\text{mm}$					
	$\overline{\Delta\delta}/\text{mm}$					

六、实验结果数据处理

1. 根据实验记录数据,计算剪切模量 $G_\text{实}$。

2. 根据 $\varphi_i = \dfrac{\delta_i}{b}(i=0,1,2,3,4)$ 绘制 $T-\varphi$ 图。

七、思考题

1. 为什么扭转破坏实验测定切应力时取试件的最小直径?测定剪切模量 G 时取试件直径的平均值?

2. 剪切模量 G 的大小与什么因素有关?与载荷有关吗?

2.5 梁弯曲正应力实验

一、实验目的

1. 掌握电测方法多点应变测试技术。
2. 测定纯弯曲梁在矩形截面、工字形截面或 T 形截面上正应力的大小及其分布规律。
3. 验证纯弯曲梁横截面上正应力理论计算公式。

二、实验设备与量具

1. 材料力学多功能实验台。
2. 电阻应变仪。
3. 游标卡尺、直尺等。

三、实验原理

实验加载示意图如图 2.19 所示。当力 F 作用于辅助梁中央时，通过辅助梁将拉力 F 分解为两个集中力 $F/2$，并分别作用于主梁（试件）的 C、D 两点。由该梁的内力分析，可知 CD 段上的剪力等于零，其弯矩 $M = \dfrac{1}{2} Fa$，因此梁的 CD 段发生纯弯曲。梁的受力简图、弯矩图如图 2.20 所示。

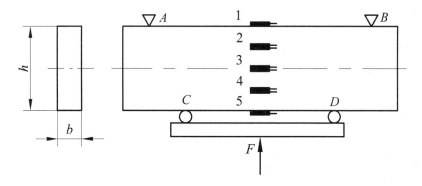

图 2.19 纯弯曲梁加载示意图

由纯弯曲正应力公式知，梁横截面上各点的正应力

$$\sigma = \frac{My}{I_z} \tag{2.14}$$

式中：y——所测点距中性层的距离；

I_z——横截面对中性轴 z 的惯性矩。

本实验矩形梁、工字形梁或 T 形梁材料为 45 钢调质处理。如图 2.19 所示，在梁 CD 段内任选一个横截面上，距离中性层不同高度处，沿着平行于梁的轴线方向，粘贴五个应变片（按图 2.19 中的编号 1、2、3、4、5 顺序粘贴）。矩形梁、工字形梁粘贴的应变片每片相距 $H/4$，T

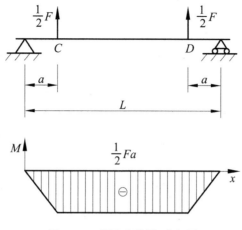

图 2.20 梁受力简图、弯矩图

形梁粘贴的应变片每片相距的距离根据计算横截面中性轴位置后确定。梁的截面形式及应变片布置位置如图 2.21 所示,在试件不受力区粘贴一枚温度补偿片。

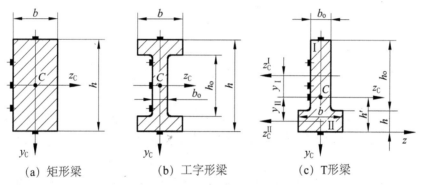

(a) 矩形梁　　　　(b) 工字形梁　　　　(c) T 形梁

图 2.21 梁截面形式及布片位置

注:图中涂黑处为所粘贴的应变片

对于矩形、工字形截面的中性轴位置在其几何中心线上,但 T 形截面的中性轴位置不在其几何中心线上,通过计算可得 T 形截面的中性轴位置在距底边为 h' 的平行线上,其 h' 计算公式为:

$$h' = \frac{S_{\mathrm{I}}(h + \frac{h_\circ}{2}) + S_{\mathrm{II}} \cdot \frac{h}{2}}{S_{\mathrm{I}} + S_{\mathrm{II}}} \tag{2.15}$$

各截面对中心轴 Z 的惯性矩 I_z 为:

矩形截面:
$$I_z = \frac{bh^3}{12} \tag{2.16}$$

工字形截面:
$$I_z = \frac{1}{12}(bh^3 - b_\circ h_\circ^3) \tag{2.17}$$

T 形截面:
$$I_z = I_{z_C}^{\mathrm{I}} + I_{z_C}^{\mathrm{II}} \tag{2.18}$$

其中：
$$I_{z_C}^{\mathrm{I}} = \frac{b_0 h_0^3}{12} + y_{\mathrm{I}}^2 \cdot S_{\mathrm{I}} = \frac{b_0 h_0^3}{12} + \left(h + \frac{h_0}{2} - h'\right)^2 \cdot b_0 h_0 \quad (2.19)$$

$$I_{z_C}^{\mathrm{II}} = \frac{b h^3}{12} + y_{\mathrm{II}}^2 \cdot S_{\mathrm{II}} = \frac{b h^3}{12} + \left(h' - \frac{h}{2}\right)^2 \cdot b h \quad (2.20)$$

式(2.15)~式(2.20)中：

b、b_0——横截面的宽度；

h、h_0——横截面的高度；

$I_{z_C}^{\mathrm{I}}$、$I_{z_C}^{\mathrm{II}}$——分别为 T 形梁中图形Ⅰ、图形Ⅱ对 Z 轴的惯性矩；

y_{I}、y_{II}——分别为 T 形梁中图形Ⅰ、图形Ⅱ的形心距 Z 轴的距离；

S_{I}、S_{II}——分别为 T 形梁中图形Ⅰ、图形Ⅱ的截面积。

在梁纯弯曲段内，纵向纤维只发生长度变化，互相不挤压，处于单向应力状态。根据胡克定律，即可计算梁横截面上的正应力 σ，从而得到试件横截面的正应力分布规律。

$$\sigma = E \cdot \varepsilon \quad (2.21)$$

式中：E——材料的弹性模量。

本实验采用增量法加载，每次增加等量的载荷 ΔF，并相应地测定各点的应变增量 $\Delta\varepsilon_{i实}$，取应变增量的平均值 $\overline{\Delta\varepsilon}$，依次求出各点应力值 $\sigma_{i实}$。

$$\sigma_{i实} = E \cdot \overline{\Delta\varepsilon} \quad (2.22)$$

四、实验步骤

1. 测量试件

测量梁的宽度、高度及梁支点距离、载荷作用点到梁支点的距离，计算各应变片到中性层的距离及截面对中心轴的惯性矩 I_z，确定试件相关参数见表 2.12。

2. 拟定加载方案

根据试件的屈服强度和截面积，估算实验时能施加的最大载荷 F_m，选取适当的初载荷 F_0（通常取 $F_0 = 10\% F_m$），确定加载级数 n（一般分 4~6 级加载）及每级载荷增量 ΔF。

3. 接线、调试仪器及实验装置

将各点电阻应变片的引出导线按编号顺序接到电阻应变仪的所选通道上按半桥接线，并按公共温度补偿法组成测量线路，进行单臂半桥测量。设置电阻应变仪参数，调试仪器及实验装置，检查整个系统是否处于正常工作状态。

4. 加载测试

逐级加载，依次记录各点应变仪读数，直到最终载荷。加载应保持缓慢、平稳。实验至少重复 3 次，取 3 组实验数据的平均值（或者取实验数据中最好的一组）填入表 2.13。

5. 完成实验后，卸掉载荷，将所用仪器设备复原，清理实验现场。

注意：测试过程中，不要随意触动应变片、连接导线等，以免影响测试数据结果。

五、实验数据记录

表 2.12 试件数据

梁的截面形式:		梁的材料名称牌号:	
应变片距中性层距离 y/mm	梁的尺寸和相关参数		
	宽度 b、b_0	$b=$	mm 、$b_0=$ mm
$y_1=$	高度 h、h_0	$h=$	mm 、$h_0=$ mm
$y_2=$	梁支点距离 L	$L=$	mm
$y_3=$	载荷到支点距离 a	$a=$	mm
$y_4=$	弹性模量 E	$E=$	GPa
$y_5=$	电阻应变片灵敏度系数 K	$K=$	

表 2.13 实验值

片号 应变 $\varepsilon/\mu\varepsilon$ 载荷 F/N	1		2		3		4		5	
	ε_1	$\Delta\varepsilon_1$	ε_2	$\Delta\varepsilon_2$	ε_3	$\Delta\varepsilon_3$	ε_4	$\Delta\varepsilon_4$	ε_5	$\Delta\varepsilon_5$
$F_0=$										
$F_1=F_0+\Delta F=$										
$F_2=F_1+\Delta F=$										
$F_3=F_2+\Delta F=$										
$F_4=F_3+\Delta F=$										
$F_5=F_4+\Delta F=$										
应变增量均值 $\overline{\Delta\varepsilon}$										

六、实验结果数据处理

1. 根据各测点增量的平均值 $\overline{\Delta\varepsilon}$，计算各点的应力值。
2. 计算各点的理论应力值。
3. 比较各测点的实测应力值与理论应力值，计算其相对误差。
4. 按同一比例分别绘制实测、理论各点应力沿横截面高度的分布曲线(纵坐标表示点的位置,横坐标表示正应力)。

七、思考题

1. 实验中进行温度补偿的目的是什么?如何实现温度补偿?
2. 弯曲正应力的大小是否会受材料弹性模量 E 的影响?其应变值与弹性模量 E 有关吗?为什么?
3. 梁的自重对梁上各点的正应力的测试结果是否有影响?为什么?
4. 实验产生误差的主要因素是什么?

2.6 弯扭组合变形实验

一、实验目的

1. 用电测法测定薄壁圆管在线弹性范围内扭转、弯曲组合作用下，主应力的大小和方向。
2. 测定薄壁圆管在弯扭组合变形作用下的弯矩和扭矩。
3. 掌握运用电阻应变花测量应变的方法，进一步熟悉和巩固电测法的基本原理和操作方法。

二、实验设备与量具

1. 材料力学多功能实验台。
2. 电阻应变仪。
3. 游标卡尺、直尺等。

三、实验原理

1. 测定主应力大小和方向

薄壁圆管受弯曲与扭转组合作用，使圆管发生组合变形。薄壁圆管弯扭组合变形受力简图如图 2.22 所示。

由截面法可知，A 点、C 点所在截面上的内力有弯矩 M、剪力 F_s 和扭矩 T，A 点、C 点均处于平面应力状态；B 点处于纯剪切状态，其切应力由扭矩 T 和剪力 F_s 两部分产生。在 A 点单元体上作用有由弯曲引起的正应力 σ_x，由扭转引起的切应力 τ_{xy}，主应力是一对拉应力 σ_1 和一对压应力 σ_3，A 点上作用的应力如图 2.23 所示。

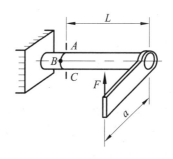

图 2.22 薄壁圆管弯扭组合受力简图

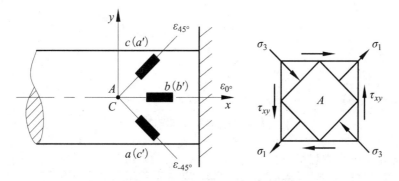

图 2.23 应变片布置及单元体图

单元体上的正应力 σ 和切应力 τ 分别按下式计算：

$$\sigma_x = \frac{M}{W} \tag{2.23}$$

$$\tau_{xy} = \frac{T}{W_t} \qquad (2.24)$$

式中：M——弯矩；

$$M = FL \qquad (2.25)$$

式中：T——扭矩；

$$T = Fa \qquad (2.26)$$

式中：W——抗弯截面系数；

$$W = \frac{\pi D^3}{32}\left[1 - \left(\frac{d}{D}\right)^4\right] \qquad (2.27)$$

式中：W_t——抗扭截面系数；

$$W_t = \frac{\pi D^3}{16}\left[1 - \left(\frac{d}{D}\right)^4\right] \qquad (2.28)$$

式中：D——圆管外径；d——圆管内径。

根据应力状态理论，该点的主应力大小和方向分别为：

$$\left.\begin{matrix}\sigma_1\\ \sigma_3\end{matrix}\right\} = \frac{\sigma_x}{2} \pm \sqrt{\left(\frac{\sigma_x}{2}\right)^2 + \tau_{xy}^2} \qquad (2.29)$$

$$\tan 2\alpha_0 = -\frac{2\tau_{xy}}{\sigma_x} \qquad (2.30)$$

为了用实验的方法测定薄壁圆管弯曲和扭转时表面上一点处的主应力大小和方向，首先要在该点处测量应变，确定该点处的主应变 ε_1、ε_3 的数值和方向，然后利用广义胡克定律计算主应力 σ_1、σ_3 的大小和方向。根据应变分析原理，要确定一点处的主应变，需要知道该点处沿 x、y 相互垂直方向的三个应变分量 ε_x、ε_y、γ_{xy}。

由于在实验中测量线应变 ε 比较容易，但测量剪应变 γ_{xy} 却很困难。所以，通常采用测量一点处沿与轴成三个已知方向的线应变 ε_a、ε_b、ε_c 的方法，如图 2.24 所示。

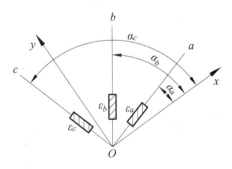

图 2.24 应变花粘贴位置

根据推导得出下列方程组：

$$\left.\begin{matrix}\varepsilon_a = \varepsilon_x \cos^2\alpha_a + \varepsilon_y \sin^2\alpha_a - \gamma_{xy}\sin\alpha_a \cos\alpha_a\\ \varepsilon_b = \varepsilon_x \cos^2\alpha_b + \varepsilon_y \sin^2\alpha_b - \gamma_{xy}\sin\alpha_b \cos\alpha_b\\ \varepsilon_c = \varepsilon_x \cos^2\alpha_c + \varepsilon_y \sin^2\alpha_c - \gamma_{xy}\sin\alpha_c \cos\alpha_c\end{matrix}\right\} \qquad (2.31)$$

由此得出该点的主应变和方向分别为：

$$\left.\begin{array}{l}\varepsilon_1\\ \varepsilon_3\end{array}\right\} = \frac{\varepsilon_x + \varepsilon_y}{2} \pm \sqrt{\left(\frac{\varepsilon_x - \varepsilon_y}{2}\right)^2 + \left(\frac{\gamma_{xy}}{2}\right)^2} \tag{2.32}$$

$$\tan 2\alpha_0 = -\frac{\gamma_{xy}}{\varepsilon_x - \varepsilon_y} \tag{2.33}$$

对于各向同性材料,主应变 ε_1、ε_3 和主应力 σ_1、σ_3 的方向一致。

利用广义胡克定律可得主应力 σ_1、σ_3 的大小分别为:

$$\sigma_1 = \frac{E}{1-\mu^2}(\varepsilon_1 + \mu\varepsilon_3) \tag{2.34}$$

$$\sigma_3 = \frac{E}{1-\mu^2}(\varepsilon_3 + \mu\varepsilon_1) \tag{2.35}$$

式中:E、μ 分别为构件材料的弹性模量和泊松比。

在主应力方向未知时,应力测量通常采用电阻应变花。应变花是一种多轴式敏感栅的电阻应变计,是由两个或两个以上应片互成特殊角度组合在同一基底上。工程上常用的应变花种类有 $45°$、$60°$、$90°$等。测量时选择应变花种类的方法一般为:(1)测量点主应力方向比较明确时,采用 $45°$应变花;(2)测量点主应力方向不明确时,采用 $60°$应变花;(3)测量点主应力方向已知时,采用 $90°$应变花。

如图2.22所示,本实验在薄壁圆管试件上的 A 点、B 点、C 点处分别粘贴一枚 $45°$直角应变花,通过电阻应变仪分别测得这些点处沿与 x 轴成 $-45°$、$0°$ 和 $45°$ 三个方向的线应变 $\varepsilon_{-45°}$、$\varepsilon_{0°}$、$\varepsilon_{45°}$,代入式(2.31)方程组,得应变分量分别为:

$$\left.\begin{array}{l}\varepsilon_x = \varepsilon_{0°}\\ \varepsilon_y = \varepsilon_{45°} + \varepsilon_{-45°} - \varepsilon_{0°}\\ \gamma_{xy} = \varepsilon_{-45°} - \varepsilon_{45°}\end{array}\right\} \tag{2.36}$$

由此可求出主应力的大小和方向分别为:

$$\left.\begin{array}{l}\sigma_1\\ \sigma_3\end{array}\right\} = \frac{E(\varepsilon_{-45°} + \varepsilon_{45°})}{2(1-\mu)} \pm \frac{\sqrt{2}E}{2(1+\mu)}\sqrt{(\varepsilon_{-45°} - \varepsilon_{0°})^2 + (\varepsilon_{45°} - \varepsilon_{0°})^2} \tag{2.37}$$

$$\tan 2\alpha_0 = \frac{\varepsilon_{45°} - \varepsilon_{-45°}}{2\varepsilon_{0°} - \varepsilon_{-45°} - \varepsilon_{45°}} \tag{2.38}$$

注意:(1) α_0 为 x 到主应力方向的夹角,以逆时针转向为正。

(2)计算中应注意应变片粘贴的实际方向,灵活运用上述公式。

2. 测定弯矩

当薄壁圆管受弯扭组合变形时,在 A 点、C 点沿 x 方向只有因弯曲引起的拉伸应力和压缩应力,且两个压力数值相等符号相反。因此,可将 A 点、C 点 $0°$方向的应变片使用多种组桥方式进行测量,而测量结果与扭转内力无关,则可得到 A 点、C 点由弯矩引起的轴向应变 ε_M,则截面 A—C 的弯矩实验值为:

$$M = \sigma W = E\varepsilon_M W \tag{2.39}$$

3. 测定扭矩

当薄壁圆管受纯扭转时,B 点处于试件弯曲的中心层,弯矩的作用对应变没有影响,在扭转力矩的作用下,B 点 $45°$方向和 $-45°$方向产生的拉伸、压缩变形的数值相等符号相反。在只有弯矩的作用下,A 点、C 点 $45°$方向和 $-45°$方向的应变片也都是沿主应力方向,且主应力

σ_1、σ_3 数值相等符号相反。因此,可将 A 点、B 点、C 点±45°方向的应变片使用多种组桥方式进行测量,则可得到 A 点、B 点、C 点由扭矩引起的主应变 ε_T。由平面应力状态的广义胡克定律式(2.34)可得:

$$\sigma_1 = \frac{E}{1-\mu^2}(\varepsilon_1 + \mu\varepsilon_3) = \frac{E}{1-\mu^2}[\varepsilon_T + \mu(-\varepsilon_T)] = \frac{E\varepsilon_T}{1+\mu}$$

因扭转时主应力 σ_1 和切应力 τ 相等,即 $\frac{E\varepsilon_T}{1+\mu} = \frac{T}{W_t}$,则截面 $A-C$ 的扭矩实验值为:

$$T = \frac{E\varepsilon_T}{1+\mu}W_t \tag{2.40}$$

四、实验步骤

1. 测量试件

测量圆形管的尺寸、力臂长度和测点到力臂的距离,确定试件相关参数如表 2.14 所列。

2. 拟定加载方案

根据试件的屈服强度和截面积,估算实验时能施加的最大载荷 F_m,选取适当的初载荷 F_0(通常取 $F_0 = 10\% F_m$),确定加载级数 n(一般分 4~6 级加载)及每级载荷增量 ΔF。

3. 设置电阻应变仪参数,调试实验加载装置及仪器,检查整个系统是否处于正常工作状态。

4. 测定主应力大小和方向

将 A 点或 C 点的应变片花上的各组工作片按顺序分别接到电阻应变仪的所选通道上按半桥接线,并按公共温度补偿法组成测量线路,进行单臂半桥测量。

5. 测定弯矩、扭矩

根据试件受力情况及实验要求,自行设计组桥方案。

注意:测定弯矩 M、扭矩 T 时,分别应考虑消除扭转影响因素、弯曲影响因素。

6. 加载测试

缓慢匀速加载至初载荷 F_0,记录各点应变的初始读数;然后分 4-6 级等增量加载,依次记录各点应变仪读数,直到最终载荷。实验至少重复 3 次,取 3 组实验数据的平均值(或者取实验数据中最好的一组)填入表 2.15、表 2.16。

7. 完成实验后,卸掉载荷,将所用仪器设备复原,清理实验现场。

注意:(1)圆形管的管壁很薄,切勿超载,不能用力扳动圆形管的自由端和力臂。

(2)测试过程中,不要随意触动应变片、连接导线等,以免影响测试数据结果。

五、实验数据记录

表 2.14 试件数据

材料名称牌号		测点距力臂的距离 L/mm	$L=$
弹性模量 E	$E=$	圆管外径 D/mm	$D=$
泊松比 μ	$\mu=$	圆管内径 d/mm	$d=$
电阻应变片灵敏度系数 K	$K=$	力臂长度 a/mm	$a=$

表 2.15 测定主应力大小和方向实验值

载荷/N	应变/με					
	−45°应变片		0°应变片		45°应变片	
	$\varepsilon_{-45°}$	$\Delta\varepsilon_{-45°}$	$\varepsilon_{0°}$	$\Delta\varepsilon_{0°}$	$\varepsilon_{45°}$	$\Delta\varepsilon_{45°}$
$F_0=$						
$F_1=F_0+\Delta F=$						
$F_2=F_1+\Delta F=$						
$F_3=F_2+\Delta F=$						
$F_4=F_3+\Delta F=$						
$F_5=F_4+\Delta F=$						
应变增量均值 $\overline{\Delta\varepsilon}$						

表 2.16 测定弯矩和扭矩实验值

载荷/N	应变/με			
	A、C 点测弯矩(ε_M)		A 点或 B 点、C 点测扭矩(ε_T)	
	ε	$\Delta\varepsilon$	ε	$\Delta\varepsilon$
$F_0=$				
$F_1=F_0+\Delta F=$				
$F_2=F_1+\Delta F=$				
$F_3=F_2+\Delta F=$				
$F_4=F_3+\Delta F=$				
$F_5=F_4+\Delta F=$				
应变增量均值 $\overline{\Delta\varepsilon}$				

表 2.17 测试点理论值

主应力的大小 σ_1、σ_3	主应力方向 α_0	弯 矩 M	扭 矩 T
$\sigma_1=$ ，$\sigma_3=$			

六、实验结果数据处理

1. 根据所测应变值计算主应力的大小和方向，并与理论值进行比较，计算其相对误差。
2. 根据组桥方案测出的应变值，计算弯矩和扭矩，并与理论值进行比较，计算其相对误差。
3. 绘制测定弯矩、扭矩的接桥图。
4. 绘制 A 点或 C 点单元体图。

七、思考题

1. 测定主应力时，为什么要用应变花？$45°$直角应变花是否可以任意方向粘贴？为什么？
2. 实验产生误差的主要因素是什么？

2.7 压杆稳定实验

一、实验目的

1. 观察细长杆中心受压时的失稳特性。
2. 用电测法测定压杆的临界载荷,增强对压杆承载及失稳的认识。

二、实验设备与量具

1. 材料力学多功能实验台。
2. 电阻应变仪。
3. 游标卡尺、直尺等。

三、试 件

压杆的约束条件(连接方式)一般有四种典型情形:(1)两端铰支;(2)一端固定,另一端自由;(3)两端固定;(4)一端铰支,另一端固定。其中两端铰支压杆是实际工程中最常见的情况。

本实验以两端铰支和两端固定两种连接方式为例进行实验。实验采用弹簧钢材料矩形试件,调质热处理。

1. 两端铰支压杆。试件两端是带圆角的刀刃,夹具开有 V 形槽,在试件中点两侧各粘贴一枚电阻应变片。试件及夹具如图 2.25(a)所示。

2. 两端固定压杆。试件两端是用螺钉连接在夹具上,在试件中点两侧各粘贴一枚电阻应变片。试件及夹具如图 2.25(b)所示。

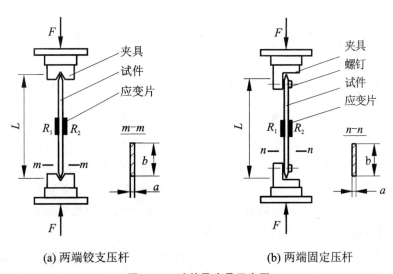

(a) 两端铰支压杆 (b) 两端固定压杆

图 2.25 试件及夹具示意图

四、实验原理

1. 对于两端铰支,中心受压的细长杆其临界载荷 F_{cr} 为:

$$F_{cr} = \frac{\pi^2 EI}{L^2} \qquad (2.41)$$

式中:L —— 试件长度;

E —— 材料的弹性模量;

I —— 横截面的惯性矩,$I = \dfrac{ba^3}{12}$。

当压杆所受载荷 F 小于试件的临界载荷 F_{cr} 时,中心受压的细长杆在理论上应保持直线形状,杆件处于稳定平衡状态;当载荷 F 等于临界载荷 F_{cr} 时,标志着压杆失稳的开始,压杆可在微小弯曲的状态下维持平衡;当载荷 F 大于临界载荷 F_{cr} 时,压杆因失稳而发生弯曲变形,如图 2.26(a)所示。若以载荷 F 为纵坐标,压杆中点挠度 δ 为横坐标,按小挠度理论绘出的 $F-\delta$ 曲线即为折线 OAB,如图 2.26(c)所示。

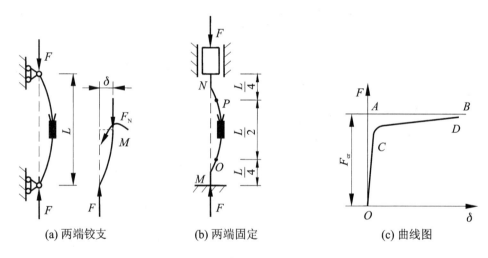

(a) 两端铰支　　　(b) 两端固定　　　(c) 曲线图

图 2.26　压杆受力简图、曲线图

实验中的压杆,由于不可避免地有初曲率,在压力偏心和材料不均匀等因素的影响下,使得在载荷 F 远小于临界载荷 F_{cr} 时,压杆也会发生微小的弯曲变形,且随载荷 F 的增加而逐渐增长,如图 2.26(b)中的 OC 所示;当载荷 F 接近临界载荷 F_{cr} 时弯曲变形会突然增大,而失稳,如图 2.26(b)中的 CD 所示,它以直线 AB 为渐近线。因此,根据实际测出 $F-\delta$ 曲线图,由 CD 的渐近线 AB 的位置即可确定压杆的临界载荷 F_{cr}。

假设本实验压杆受力后如图 2.26(a)所示向右弯曲情况,试件中心粘贴应变片处横截面上的内力有轴向压力 F_N 和弯矩 M。当采用半桥温度自补偿的方法进行测量,便可消除由轴向力产生的应变读数,这样试件中点挠度 δ 与应变 ε 之间的关系可为:

$$\frac{F\delta \frac{a}{2}}{I} = E\frac{\varepsilon}{2}$$

即
$$F\delta = \left(\frac{EI}{a}\right)\varepsilon \tag{2.42}$$

由此可见,在一定载荷 F 作用下应变 ε 的大小反映了试件中点挠度 δ 的大小,因此可由实验测试数据的 $F-\varepsilon$ 曲线作水平渐近线来确定临界载荷 F_{cr}。

2. 两端固定的压杆,在一定载荷 F 作用下,如图 2.26(b)所示,距两端各为 $L/2$ 的 O、P 两点的弯矩等于零,因而可以把 O、P 这两点看作铰链,把长为 $L/2$ 的中间部分 OP 看作是两端铰支的压杆。所以,可由式(2.41)得到,对于两端固定,中心受压的细长杆其临界载荷 F_{cr} 为:

$$F_{cr} = \frac{\pi^2 EI}{\left(\frac{L}{2}\right)^2} \tag{2.43}$$

临界载荷 F_{cr} 虽然是 OP 端的临界载荷,但因 OP 是压杆的一部分,所以它的临界载荷也就是整个杆件 MN 的临界载荷。在试件中心两侧粘贴应变片,按半桥测量法进行测量。原理叙述同上面两端铰支。

五、实验步骤

压杆两种约束条件的实验步骤相同。

1. 测量试件

测量试件长度及三个横截面处的尺寸,取试件上、中、下三处其平均值,用于计算横截面的惯性矩 I,确定试件相关参数。见表 2.18。

2. 拟定加载方案

加载前用欧拉公式计算压杆临界载荷 F_{cr} 的理论值。加载分成两个阶段:(1)在达到临界载荷 F_{cr} 的 80% 之前,由载荷控制;(2)载荷超过临界载荷 F_{cr} 的 80% 以后,改为由变形控制。

3. 调整实验加载装置。

4. 接线、调试仪器

将电阻应变片 R_1、R_2 接入相邻桥臂,采用半桥温度自补偿的方法进行测量。设置电阻应变仪参数,调试仪器及实验装置,检查整个系统是否处于正常工作状态。

5. 加载测试

开始采用等量加载的方法,每增加一级载荷增量 ΔF,记录相应的应变值 ε。当载荷 F 超过临界载荷 F_{cr} 的 80% 以后,每增加一定的应变值 ε,记录相应的载荷 F。随着应变增量 $\Delta\varepsilon$ 的变大,载荷增量 ΔF 逐渐减小。当载荷增量 ΔF 很小,而应变增量 $\Delta\varepsilon$ 突然变得很大时,立即停止加载。实验至少重复 3 次,取 3 组实验数据的平均值(或者取实验数据中最好的一组)填入表 2.19。

6. 完成实验后,卸掉载荷,将所用仪器设备复原,清理实验现场。

注意:测试过程中,不要随意触动应变片、连接导线等,以免影响测试数据结果。

六、实验数据记录

表 2.18　试件数据

压杆约束条件	材料名称牌号	厚度 a/mm	宽度 b/mm	长度 L/mm	弹性模量 E	应变片灵敏系数 K
两端铰支						
两端固定						

表 2.19　实验值

两端铰支				两端固定			
载荷 F/N		应变/$\mu\varepsilon$		载荷 F/N		应变/$\mu\varepsilon$	
F	ΔF	ε	$\Delta \varepsilon$	F	ΔF	ε	$\Delta \varepsilon$
$F_0=$				$F_0=$			
$F_1=$				$F_1=$			
$F_2=$				$F_2=$			
$F_3=$				$F_3=$			
$F_4=$				$F_4=$			
$F_5=$				$F_5=$			
$F_6=$				$F_6=$			
$F_7=$				$F_7=$			
$F_8=$				$F_8=$			
$F_9=$				$F_9=$			

七、实验结果数据处理

1. 根据实验结果,绘制 $F-\varepsilon$ 曲线,确定相应的临界载荷 F_{cr}。
2. 按约束条件计算临界载荷 F_{cr} 的理论值,并与实测值进行比较,计算其相对误差。

八、思考题

1. 压缩实验与压杆稳定实验目的有何不同?
2. 压杆临界载荷是在什么情况下测得的?压杆失稳前后,载荷与变形的曲线关系有何变化?
3. 为什么压杆稳定实验,试件厚度对临界载荷的影响较大?
4. 实验产生误差的主要因素是什么?

2.8 超静定梁实验

一、实验目的

1. 测定超静定梁在某处施加载荷时,其外部所受约束力。
2. 领会功互等定理的应用,掌握用变形比较法求解超静定问题。
3. 比较静定梁和超静定梁的变形情况。
4. 根据实验目标培养学生设计合理的实验方案的思维方法。

二、实验设备与量具

1. 材料力学多功能实验台。
2. 电阻应变仪。
3. 直尺、百分表及磁性表座等。

三、实验内容与要求

超静定结构是存在多余约束的结构系统,是实际工程经常采用的结构体系。由于多余约束的存在,该类结构在部分约束失效后仍可以承担外荷载。需要注意的是,此时的超静定结构的受力状态与以前结构的受力状态完全不同。

本实验装置如图 2.27 所示。实验梁为 45 钢调质处理的等强度梁,梁的 A 端固定,B 端铰支,支点可上下调节,因为多出一个外部约束,所以该梁是一次超静定梁。在梁的截面Ⅰ和截面Ⅱ处分别设有两个加载点。

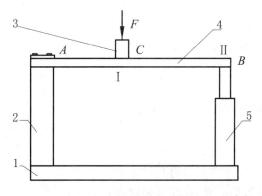

1—底座;2—固定支座;3—加载器;4—等强度梁;5—支座

图 2.27 超静定梁实验装置示意图

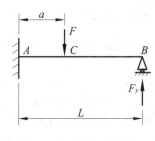

图 2.28 超静定梁受力简图

1. 复习《材料力学》教材中"互等定理"、"超静定结构"等章节的内容。
2. 根据实验目的要求,拟定实验方案和实验操作步骤。
3. 设计表格,记录相关实验数据。
4. 根据实验数据求出超静定梁的约束力 F_y。
5. 如实验方案不合理,或实验操作步骤有误而导致实测值与理论值相差较大,需重新设计,重做实验,直到符合要求。

四、提 示

该超静定梁的受力简图如图 2.28 所示。解除多余支座 B,并以支座约束力 F_y 代替,得到图 2.29(a)所示的相当系统。该系统中 B 点的挠度为零,即 $w_B=0$。

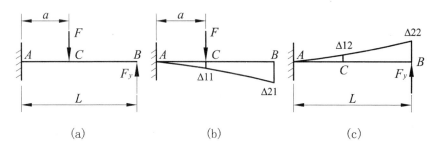

图 2.29 超静定梁叠加原理图

在线弹性、小变形情况下,B 点的挠度是由施加的载荷 F 和约束力 F_y 在 B 点产生的挠度的叠加。则

$$(w_B)_F + (w_B)_{F_y} = 0 \tag{2.44}$$

由式(2.44)可得约束力 F_y 的理论解为:

$$F_y = \frac{a^2(3L-a)F}{2L^3} \tag{2.45}$$

实验现场只提供了测试位移的条件,而无测力手段,所以需要把力和位移结合起来(也就是功),达到测定约束力 F_y 目的。根据图 2.29(a)为图 2.29(b)和图 2.29(c)的叠加,写出功互等定理表达式,由表达式设计测试方案,拟定实验步骤。

注意:施加载荷时要缓慢匀速,不要过载,以免损坏等强度梁。

五、实验报告要求

1. 按照图 2.29 表达,写出功互等定理表达式。
2. 编写实验操作步骤。
3. 设计相关表格,记录实验数据。
4. 根据实验数据,计算超静定梁约束力 F_y 的实测值和理论值。
5. 比较超静定梁约束力 F_y 的实测值和理论值,计算其相对误差。
6. 回答思考题。

六、思考题

1. 实验产生误差的主要因素是什么?
2. 根据实验数据,比较图 2.29(a)超静定梁与图 2.29(b)静定梁 C 点处截面的挠度值。两者百分比为多少?说明什么?

第3章 电阻应变测试原理简介

3.1 电测法简介

工程中有些结构或零件因其形状和受力比较复杂,用理论方法计算应力比较困难,有的即使可以进行理论计算,也是将实际结构简化,抽象成力学模型才能进行计算,计算结果的可靠性也要通过实验来加以验证。因此,实验应力分析在工程中已被广泛采用。而电阻应变测试法(简称电测法)是实验应力分析中主要的实验方法之一,是一种重要的工程测试手段,掌握这种测试方法,可增强解决工程实际问题的能力。

电阻应变测试法的基本原理是以电阻应变片作为传感器,将非电量的应变转换为电阻应变片的电阻改变,以达到构件的变形测量。其工作原理:将电阻应变片粘贴在构件的测量点上,当构件承受外力作用时,电阻应变片将随同构件一起变形而引起电阻值的改变,通过电阻应变仪可使各测量点电阻值的改变量转换为应变值显示出来,从而测得构件上测量点的应变。

3.2 电阻应变片的构造和工作原理

一、电阻应变片和应变花

1. 电阻应变片的构造与种类

应变片的构造一般由敏感栅、粘结剂、覆盖层、基底和引出线五部分组成,如图3.1(a)所示。敏感栅由具有高电阻率的细金属丝或箔(如康铜、镍铬等)加工成栅状,用粘结剂牢固地将敏感栅固定在覆盖层与基底之间。在敏感栅的两端焊有用铜丝制成的引线,用于与测量导线连接。基底和覆盖层通常用胶膜制成,它们的作用是固定和保护敏感栅,当应变片被粘贴在试件表面之后,由基底将试件的变形传递给敏感栅,并在试件与敏感栅之间起绝缘作用。

应变片的种类很多,常用的应变片有金属丝式应变片和金属箔式应变片,如图3.1(b)所示,其中以箔式应变片应用最广。

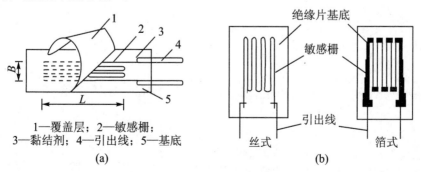

图 3.1 应变片的构成

2. 电阻应变花

应变花是一种多轴式敏感栅的电阻应变计,是由两个或两个以上应变片互成特殊角度组合在同一基底上,如图 3.2 所示。常用的应变花有 45°、60°、90°、120°等,它可测量同一点几个方向的应变,用于测定复杂应力状态下某点的主应力大小和方向等。

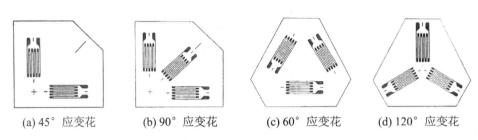

(a) 45°应变花　　(b) 90°应变花　　(c) 60°应变花　　(d) 120°应变花

图 3.2　应变花种类

3. 电阻应变片的工作原理

如果将电阻值为 R 的应变片牢固地粘贴在构件表面被测部位,当该部位沿应变片敏感栅的轴线方向产生应变 ε 时,应变片亦随之变形。其电阻产生一个变化量 ΔR。实验表明,在一定范围内,应变片的电阻变化率 $\Delta R/R$ 与应变 ε 成正比,即

$$\frac{\Delta R}{R} = K\varepsilon \tag{3.1}$$

式中 K 为应变片的灵敏度系数,与敏感栅的尺寸、形状及电阻变化率等有关,通常由生产厂家标定好,其值在 2.0 左右。

由式(3.1)可知,只要测出应变片的电阻变化率 $\Delta R/R$,即可确定试件的应变 ε。

3.3 电桥测量原理

一、电阻应变仪

电阻应变仪是测量微小应变的精密仪器。其工作原理是利用粘贴在构件上的电阻应变片随同构件一起变形而引起其电阻的改变,通过测量电阻的改变量得到粘贴部位的应变。一般构件的应变是很微小的,要直接测量相应的电阻改变量是很困难的。为此采取电桥把应变片感受到的微小电阻变化转换为电压信号,然后将此信号输入放大器进行放大,再把放大后的信号用应变表示出来。

电阻应变仪的主要作用是配合电阻应变片组成电桥,并对电桥的输出信号进行放大、标定,以便直接读出应变数值。

电阻应变仪的种类、型号很多,按测量应变的频率可分为:静态电阻应变仪、静动态电阻应变仪、动态电阻应变仪、超动态电阻应变仪等。按供桥电源可分为:直流电桥应变仪和交流电桥应变仪。

实际工程中,常用的静态电阻应变仪一般都是采用直流电桥,将输出电压的微弱信号直接输送到放大器进行放大处理,再经过调整,由 A/D 转换器转化为数字量,经过标定后直接由显示屏读出应变,其原理框图如图 3.3 所示。

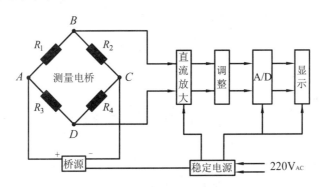

图 3.3 应变仪原理框图

注意:应变仪上读出的应变为微应变,即 $1\mu\varepsilon = 10^{-6}\varepsilon$。

二、测量电桥

1. 电桥的工作原理

从应变仪原理框图(图 3.3)可知,测量电桥的输出电压直接输送到放大器放大,再经过调整,由 A/D 转换后输送到显示器。电阻应变仪的核心部分是电桥。电桥采用惠斯登电桥,其工作原理如图 3.4 所示。

电阻 R_1、R_2、R_3、R_4 组成电桥的四个桥臂,A、C 和 B、D 分别为电桥的输入端和输出端。输入端电压为 E,电桥的输出端总是接在放大器的输入端,而放大器的输入阻抗很高。因此电压的输出端可以看成是开路的。其输出电压为:

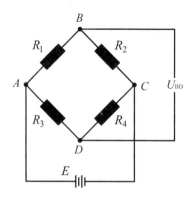

图 3.4 惠斯登电桥

$$U_{BD} = E \frac{R_1 R_4 - R_2 R_3}{(R_1 + R_2)(R_3 + R_4)} \quad (3.2)$$

当四个桥臂上的电阻产生微小的改变量 ΔR_1、ΔR_2、ΔR_3、ΔR_4 时，B、D 间的电压输出也产生改变量，

$$\Delta U_{BD} = E \frac{R_1 \Delta R_4 + R_4 \Delta R_1 - R_2 \Delta R_3 - R_3 \Delta R_2}{(R_1 + R_2)(R_3 + R_4)} \quad (3.3)$$

若四个桥臂接上电阻值和灵敏度系数 K 均相同的电阻应变片，即 $R_1 = R_2 = R_3 = R_4 = R$ 时，则，

$$\Delta U_{BD} = \frac{E}{4}\left(\frac{\Delta R_1}{R} - \frac{\Delta R_2}{R} - \frac{\Delta R_3}{R} + \frac{\Delta R_4}{R}\right) \quad (3.4)$$

由于，$\frac{\Delta R}{R} = K\varepsilon$

则式(3.4)变为：

$$\Delta U_{BD} = \frac{KE}{4}(\varepsilon_1 - \varepsilon_2 - \varepsilon_3 + \varepsilon_4) \quad (3.5)$$

应变仪的输出应变为：

$$\varepsilon_{仪} = \frac{4\Delta U_{BD}}{KE} = (\varepsilon_1 - \varepsilon_2 - \varepsilon_3 + \varepsilon_4) \quad (3.6)$$

式(3.6)表明：

(1) 两相邻桥臂上应变片的应变增量同号时（即同为拉应变或同为压应变），则输出应变为两者之差；异号时为两者之和。

(2) 两相对桥臂上应变片的应变增量同号时（即同为拉应变或同为压应变），则输出应变为两者之和；异号时为两者之差。

利用上述特性，不仅可以进行温度补偿，增大读数应变，提高测量的灵敏度，还可以测出在复杂应力状态下单独由某种内力因素产生的应变。

2. 温度补偿和温度补偿片

粘贴有应变片的构件总是处于某一温度场中，当温度变化时，应变片敏感栅的电阻会发生变化。另外，由于电阻丝栅的线膨胀系数与构件的线膨胀系数不一定相同，温度改变时，应变片也会产生附加应变，这些应变是虚假应变，应当排除。排除的措施叫温度补偿。补偿的方法是用另一片相同的应变片作为补偿片，把它粘贴在与被测构件材料相同但不受力的试件上，将该试件与被测构件放在一起,使它们处于同一温度场中。粘贴在被测构件上的应变片叫工作片。在电桥连接上,使工作片和补偿片处于相邻桥臂中,由于相邻桥臂应变读数为两者之差,温度的变化并不会造成电桥输出电压的变化,也就是不会造成读数应变的变化。这样便自动消除了温度效应的影响。

注意:工作片和温度补偿片都是相同的应变片,它们的阻值、灵敏度系数和电阻温度系数都应基本相同,也就是同一包或同一批次的应变片,它们感应温度的效应基本相同,这样才能达到消除温度应变的影响。

补偿片也可粘贴在受力构件上,但要保证工作片和补偿片所测的应变绝对值相等,符号相反,这样既可以排除温度效应,又可以增加电桥的信号输出,提高测量的灵敏度。

3. 应变片在桥路中的连接方法

应变片在测量电桥中有各种接法。实际测量时,根据电桥基本特性和不同的使用情况,采用不同的接线方法,以达到如下目的:

(1) 实现温度补偿。

(2) 从复杂的变形中测出所需要的某一应变分量。

(3) 扩大应变仪的读数,减少读数误差,提高测量精度。

为了达到上述目的,需要充分利用电桥的基本特性,精心设计应变片在电桥中的接法。

在测量电桥中,根据不同的使用情况,各桥臂的电阻可以部分或全部是应变片。测量时,应变片在电桥中采用以下几种接线方法。

1) 半桥接线法

如图 3.5 所示,若两个规格相同的应变片 R_1、R_2 分别接入桥臂 AB、BC 上,R_3、R_4 接入仪器内部的固定电阻,则称为半桥接线法;由于桥臂 CD、AD 接仪器内部的固定电阻,不感受应变,因此对于等臂电桥,由式(3.6)可得到应变仪的应变读数为:

$$\varepsilon_{仪} = \varepsilon_1 - \varepsilon_2 \tag{3.7}$$

实际测量时,根据应变片的工作状态和性质不同,可分为单臂半桥测量和双臂半桥测量。

(1) 单臂半桥测量。工作应变片接入桥臂 AB,温度补偿片接入桥臂 BC;或者反之。如图 3.5 所示,若 R_1 为工作片,R_2 为温度补偿片,设工作片 R_1 感受构件变形引起的应变为 $\varepsilon_{1(工作片)}$,感受温度引起的应变为 ε_t;温度补偿片 R_2 和工作片 R_1 在同一个环境,感受温度引起的应变也为 ε_t,则

$$\varepsilon_1 = \varepsilon_{1(工作片)} + \varepsilon_t, \quad \varepsilon_2 = \varepsilon_t$$

由式(3.6)可得到应变仪的应变读数为:

$$\varepsilon_{仪} = \varepsilon_{1(工作片)} \tag{3.8}$$

(2) 双臂半桥测量。工作应变片全部接入桥臂 AB 和 BC。如图 3.5 所示,设工作片 R_1、R_2 感受构件变形引起的应变分别为 $\varepsilon_{1(工作片)}$、$\varepsilon_{2(工作片)}$,感受温度引起的应变为 ε_t,则

$$\varepsilon_1 = \varepsilon_{1(工作片)} + \varepsilon_t, \quad \varepsilon_2 = \varepsilon_{2(工作片)} + \varepsilon_t$$

由式(3.6)可得到应变仪的应变读数为:

$$\varepsilon_{仪} = \varepsilon_{1(工作片)} - \varepsilon_{2(工作片)} \tag{3.9}$$

2) 全桥接线法

如图 3.6 所示,若应变片 R_1、R_2、R_3、R_4 分别接入电桥的 AB、BC、CD、AD 四个桥臂上,则称为全桥接线法。全桥接线法可以增大读数应变值,进一步提高测量的灵敏度。

实际测量时,根据应变片的工作状态和性质不同,可分为四臂全桥测量和对臂全桥测量。

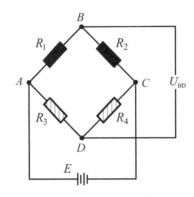
R_3、R_4—仪器内固定电阻
图 3.5 半桥接线法

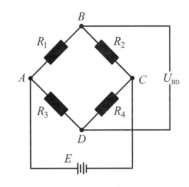
图 3.6 全桥接线法

(1) 四臂全桥测量。工作应变片全部接入电桥的四个桥臂。如图 3.6 所示,设工作片 R_1、R_2、R_3、R_4 感受构件变形引起的应变分别为 $\varepsilon_{1(工作片)}$、$\varepsilon_{2(工作片)}$、$\varepsilon_{3(工作片)}$、$\varepsilon_{4(工作片)}$,感受温度引起的应变为 ε_t,则

$$\varepsilon_1 = \varepsilon_{1(工作片)} + \varepsilon_t, \quad \varepsilon_2 = \varepsilon_{2(工作片)} + \varepsilon_t, \quad \varepsilon_3 = \varepsilon_{3(工作片)} + \varepsilon_t, \quad \varepsilon_4 = \varepsilon_{4(工作片)} + \varepsilon_t$$

由式(3.6)可得到应变仪的应变读数为:

$$\varepsilon_仪 = \varepsilon_{1(工作片)} - \varepsilon_{2(工作片)} - \varepsilon_{3(工作片)} + \varepsilon_{4(工作片)} \tag{3.10}$$

(2) 对臂全桥测量。工作应变片接入电桥的相对两个桥臂,温度补偿片接入另外相对两个桥臂。如图 3.6 所示,若 R_1、R_4 为工作片,R_2、R_3 为温度补偿片,设工作片 R_1、R_4 感受构件变形引起的应变分别为 $\varepsilon_{1(工作片)}$、$\varepsilon_{4(工作片)}$,感受温度引起的应变为 ε_t;温度补偿片 R_2、R_3 感受温度引起的应变也为 ε_t,则

$$\varepsilon_1 = \varepsilon_{1(工作片)} + \varepsilon_t, \quad \varepsilon_2 = \varepsilon_3 = \varepsilon_t, \quad \varepsilon_4 = \varepsilon_{4(工作片)}$$

由式(3.6)可得到应变仪的应变读数为:

$$\varepsilon_仪 = \varepsilon_{1(工作片)} + \varepsilon_{4(工作片)} \tag{3.11}$$

3) 串联和并联接线法

在应变测量过程中,若采用多个应变片时,也可将应变片串联或并联起来接入测量电桥。图 3.7 所示为串联半桥接线法,图 3.8 所示为并联半桥接线法。

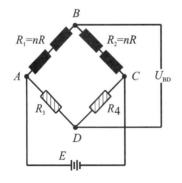
R_3、R_4—仪器内固定电阻;
n—应变片个数

图 3.7 串联半桥接线法

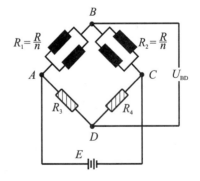
R_3、R_4—仪器内固定电阻;
n—应变片数量

图 3.8 并联半桥接线法

若每个应变片的电阻均为 R，其增量均为 ΔR，则在图 3.7 中，$\Delta R_1 = nR$；而在图 3.8 中，$R_1 = \dfrac{R}{n}$，$\Delta R_1 = \dfrac{\Delta R}{n}$。可以看出，它们的 AB 桥臂电阻相对变化量均为 $\dfrac{\Delta R_1}{R_1} = \dfrac{\Delta R}{R}$，这与在桥臂 AB 上只接单个应变片时的电阻相对变化量完全相同，桥臂的应变就等于串联或并联单个应变片的应变值，因此串联和并联接线法的读数应变没有增加，不提高测量的灵敏度。但是，串联后使桥臂电阻增大，在限定电流时，可以提高供桥电压，相应地便可以增加信号输出。并联后则使桥臂电阻减小，在通过应变片的电流不超过最大工作电流的情况下，电桥的输出电流相应地提高，有利于电流检测。

综上所述，不同的组桥接线方式，所得的读数应变是不同的。在实际应用时，应根据具体情况和要求灵活应用，合理地选择组桥方式，以便有效地提高测试灵敏度和实验效率。

第4章 实验设备及测试原理

4.1 微机控制电子万能试验机

一、主要用途

微机控制电子万能试验机是电子技术与机械传动相结合的新型试验机,主要用于测定各种材料在拉伸、压缩、弯曲、剪切等状态下的力学性能及有关物理参数,它对载荷、变形、位移的测量和控制有较高的精度和灵敏度,与计算机联机可实现控制、检测和数据处理的自动化。

二、结构及工作原理

1. 试验机结构

微机控制电子万能试验机结构如图4.1所示。试验机主要由上横梁、移动横梁、传感器、夹具接头、夹具、下横梁、滚珠丝杠、传动(减速)系统、伺服电机、防护外壳、限位保护装置及控制系统等组成。

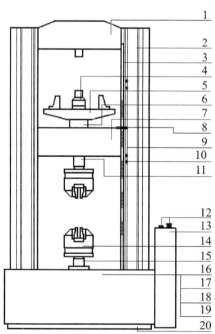

1—上横梁;2—丝杠、光杠;3—位移标尺;4—压缩夹具;5—弯曲夹具;6—传感器;7—移动横梁;
8—限位推板;9—限位杆;10—限位调节旋钮;11—上夹具接头;12—电测开关;13—测控系统;
14—拉伸夹具;15—下夹具接头;16—机座护板;17—下横梁;18—伺服电机;19—传动系统;20—底座

图4.1 微机控制电子万能试验机结构图

2. 试验机工作原理

试验机加载控制系统是由伺服控制器按照控制仪表设定的试验参数驱动伺服电机工作，电机通过减速系统和滚珠丝杠带动移动横梁运动，再通过安装在移动横梁和固定横梁（上横梁、下横梁）上的夹具对试件施加载荷，从而达到试验目的。

试验机测控系统是以单片微型计算机为核心，进行所需试验控制及数据采集，采用高精度数据放大器及高精度 A/D、D/A 为主要外围电路，组成数据测量、数据处理及控制环节等多个测控单元，把采集到的数据经过处理后传输给计算机进一步处理。

三、操作规程

1. 检查机器。检查夹具形状和尺寸是否与试件相匹配，检查各电缆连接是否完好，限位装置是否正常。
2. 首先打开主机，然后打开控制器，通电预热 15 分钟。
3. 打开计算机，运行试验程序。
4. 在计算机通讯菜单中，选择"联机"，在系统配置菜单中进行试验方式、硬件、软件、运行参数、环境参数等试验条件的设置。
5. 安装试件。对于拉伸试件，先夹紧试件上端，调节机器横梁于合适位置后，再夹紧试件下端。夹具夹持试件的长度应不小于夹块深度的 3/4，以防止损坏夹具；对于压缩或弯曲试验，换上专用夹具，把试件放正即可。根据需要，调节活动横梁至适当位置。
6. 选择变形测量或位移测量，选定量程，并平衡调零。
7. 正式加载。根据需要选定加载速度，缓慢均速加载，直到实验完毕。
8. 实验完毕，取下试件，一切恢复初始状态，切断总电源，并清理现场。

四、注意事项

1. 禁止用高速驱动加载，以避免造成试件、仪表甚至试验机损坏。
2. 把活动横梁的位置限制器调到合适位置，保证起到保护限位作用。
3. 不能随意打开主机箱及控制箱，禁止带电插拔连接器。
4. 不能随意修改状态参数。
5. 当进行精度修正及进行过设备维修后，应进行一次自检标准提取过程。
6. 若遇紧急情况，立即按动主机上红色大按钮紧急停机。

4.2 微机控制扭转试验机

一、主要用途

微机控制扭转试验机是电子技术与机械传动相结合的新型试验机,主要用于测定各种材料在扭转力状态下的力学性能及有关物理参数,与计算机联机可实现控制、检测和数据处理的自动化。

二、结构及工作原理

1. 试验机结构

微机控制扭转试验机结构如图4.2所示。试验机主要由机架、导轨工作台面、传感器座、夹具、减速机、电机、移动工作台及控制系统等组成,减速机和电机安装在移动工作台上,活动夹头安装在其输出轴端。

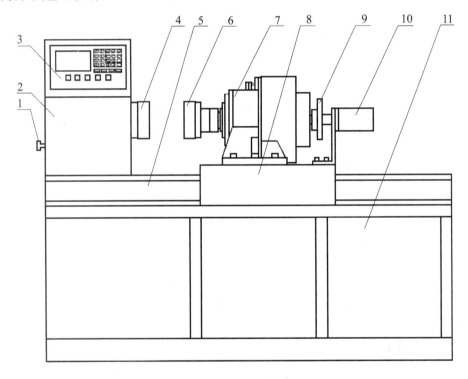

1—电源开关;2—控制箱;3—控制面板;4—固定夹头;5—导轨工作台面;
6—活动夹头;7—减速机;8—移动工作台;9—手动调整轮;10—电机;11—机架

图4.2 微机控制扭转试验机结构图

2. 试验机工作原理

试验机固定夹头安装在支承扭转传感器的传感器座右边,一端与扭转传感器相连,一端与试件相连;试验机活动夹头固定在减速机输出连轴器上,电机输出连轴器与减速机相连;移动工作台可以在导轨工作台面上左右平稳移动。试验时由电机伺服控制器(安装在主机内部)发出指令驱动电机转动,电机通过输出连轴器带动减速机转动,减速机通过安装在其输出上的活动夹头运动,从而使试件受力,扭转传感器产生输出信号。试验机测控系统是以单片微型计算机为核心,进行扭转试验控制及数据采集,采用高精度数据放大器及高精度 A/D、D/A 为主要外围电路,组成数据测量、数据处理及控制环节等多个测控单元,把采集到的数据经过处理后传输给计算机进一步处理。

三、操作规程

1. 检查机器。检查夹具形状和尺寸是否与试件相匹配,各电缆连接是否完好,限位装置是否正常。
2. 首先打开主机,然后打开控制器,通电预热 15 分钟。
3. 打开计算机,运行试验程序。
4. 在计算机通讯菜单中,选择"联机",在系统配置菜单中进行试验方式、硬件、软件、运行参数、环境参数等试验条件的设置。
5. 安装试件。将试件一端安装于固定夹头,在慢速条件下使用"顺时针"或"逆时针"键调整好活动夹头位置,并将试件另一端安装于活动夹头,夹紧试件。

注意:夹具应夹持试件全部头部。

6. 调节减速机输入端微调手轮,进行载荷机械调零。
7. 正式加载。根据需要选定加载速度,缓慢匀速加载,直到实验完毕。
8. 实验完毕,取下试件,一切恢复初始状态,切断总电源,并清理现场。

四、注意事项

1. 禁止用高速驱动加载,以避免造成试件、仪表甚至试验机损坏。
2. 不能随意打开主机箱及控制箱,禁止带电插拔连接器。
3. 不能随意修改状态参数。
4. 当进行精度修正及进行过设备维修后,应进行一次自检标准提取过程。

4.3 材料力学多功能实验台

材料力学多功能实验台是将多个单项材料的力学实验集中在一个试验台上进行,是一套小型组合实验装置。实验台可完成纯弯曲梁正应力实验、材料弹性模量及泊松比测定、偏心拉伸实验、弯扭组合受力分析、压杆稳定实验、超静定梁实验、电阻应变片灵敏度系数标定等实验内容。

一、实验台构造及工作原理

图 4.3、图 4.4 分别为台式、立式材料力学多功能实验台。这两种实验台的构造、加载及工作原理相同。

1. 实验台构造

实验台主要由框架、蜗轮蜗杆变速箱、传感器、手轮、各类试验组件等组成。

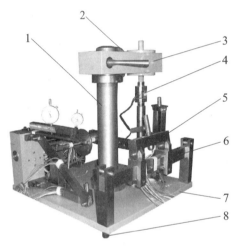

1—立柱;2—手轮;3—涡轮蜗杆变速箱;4—传感器;
5—加载小梁;6—试件;7—框架;8—调节支撑

图 4.3 台式材料力学多功能实验台

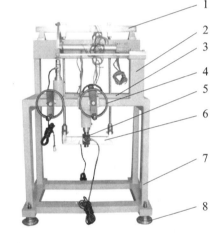

1—试件;2—支撑座;3—涡轮蜗杆变速箱;4—手轮;
5—传感器;6—加载小梁;7—框架;8—调节支撑

图 4.4 立式材料力学多功能实验台

2. 加载原理

加载机构为内置式,采用涡轮蜗杆及螺旋传动的原理。通过手轮手动加载,在对轮齿不产生破坏的情况下,利用涡轮蜗杆将手轮的转动转换为螺旋千斤顶加载的直线运动,对试件进行施力加载,该加载机构由涡轮蜗杆和螺旋复合两种机械机构组合在一起,操作省力,加载稳定。

3. 工作原理

通过手轮手动加载,经涡轮蜗杆转换,螺旋千斤顶产生伸或缩直线运动,连接在千斤顶端部的拉压力传感器及过渡加载附件对试件进行施力加载,加载力大小经拉压力传感器由电阻应变仪的测力部分显示出所施加的力值;各试件的受力变形,通过电阻应变仪的测试应变部分显示出来。该测试仪器有微机接口,数据可由计算机分析处理后打印输出。

二、操作步骤

1. 所做实验的试件通过有关附件与实验装置相应位置连接,拉压力传感器和加载件与加载机构连接。
2. 传感器电缆线连接到仪器传感器输入插座,应变片引出线连接到仪器的各个通道接口。
3. 打开仪器电源,预热约 20 min,输入传感器量程及灵敏系数和应变片灵敏度系数,在不加载的情况下将测力值和应变值调零。
4. 在初始值以上对各试件进行分级加载,缓慢均匀转动手轮,记录各级力值和试件产生的应变值。

三、注意事项

1. 每次实验先将试件安装好,仪器接通电源,打开仪器预热约 20 min。
2. 各项实验所加终载荷不超过规定的终载荷的最大拉压力。
3. 加载机构作用行程为 50 mm,手轮转动快到行程末端时应缓慢转动,以免损坏有关定位件。
4. 所有实验进行完毕后,应释放加力机构,以免损坏传感器和有关试件。
5. 蜗杆加载机构每半年或定期加润滑油,避免干磨损,影响其使用寿命。

4.4 应变与力综合测试仪

一、概述

CML-1H 型应变与力综合测试仪是用一种静态电阻应变仪和一种测力仪组合而成的综合测试仪,在一台仪器上完成两种仪器的工作。该仪器通过网络接口与配套测试软件方便地实现显示、存储、参数修正及生成测试报告,通过路由或交换机扩展组成一套静态应变测量虚拟仪器测试系统。

本仪器配用相应的传感器,可实现实验应力分析及静力强度研究中测量结构及材料任意点变形的应力分析。应变与力综合测试仪通过配接材料力学多功能实验台,可完成电测法材料的力学实验。

二、仪器组成

CML-1H 型应变与力综合测试仪结构如图 4.5 所示。仪器主要由力传感器输入插头、联机口、应变显示部分、测力显示部分、系统机号显示部分、数字输入键部分、功能操作键部分、应变片接线端子(桥臂)等组成。

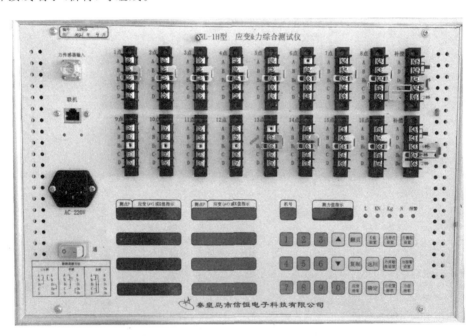

图 4.5 CML-1H 型应变与力综合测试仪结构示意图

三、应变仪技术指标

1. 测量点数:每台机箱 16 个应变通道,1 个测力通道。
2. 量程:±25 000$\mu\varepsilon$,初始不平衡值±25 000$\mu\varepsilon$。

3. 测量精度：测量值的 0.2%±2$\mu\varepsilon$。
4. 测量速度：全部测点进行一次测量时间约 2 s。
5. 漂移：零点漂移（常温室，不考虑桥路影响）<3$\mu\varepsilon$/4 h；温漂<1 $\mu\varepsilon$/℃。
6. 应变计灵敏度系数：可同时计算弹性范围内的单、双、三向应力。
7. 仪器使用的温、湿度条件：温度为 5 ℃～40 ℃；湿度<80%。
8. 电源：AC220 V±10%，50 Hz。

四、应变仪使用说明

1. 应变片与仪器的连接

仪器机箱共分为 2 组，每组 8 个通道，一个公共补偿端子用于 1/4 桥（公共温度补偿法的半桥）测量。

每组通道组成同一种电桥的接线方式如图 4.6、图 4.7、图 4.8 所示。

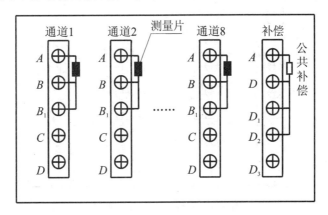

图 4.6 1/4 桥接线方法示意图

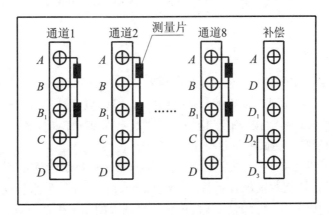

图 4.7 半桥接线方法示意图

本应变仪每一组内的通道也可根据需要组成不同方式的电桥。全桥方式只需接好对应电桥的 $ABCD$ 端即可。1/4 桥（公共温度补偿法的半桥）、半桥、全桥的混合接线方法如图 4.9 所示。

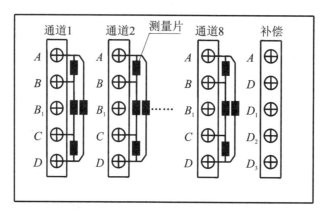

图 4.8 全桥接线方法示意图

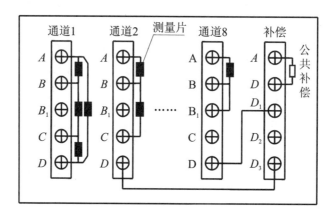

图 4.9 混合接线方法示意图

注意：每一测试组连线应使用屏蔽电缆,长度相等,应变片阻值也应预先挑选,使其基本相等,以利于桥路平衡。

2. 操作说明

1）测量

仪器连接好应变片,面板输入端插入力传感器,检查无误后接通电源并将电源开关拨向"通",9 组数码管发亮,由 5 到 0 递减显示完成仪器自检后,机号显示位闪烁,由数字键输入该仪器在测试系统的联机站号后按"确定"键(注意:在运行采集软件前,必须严格按要求设置系统仪器联机站号,如不联机测试可单独使用,即直接点击"确定"键。)

应变表头数字面板左部 1～2 位显示测点通道号,第 3 位显示正负号,第 4～8 位显示应变值或 K 值(仪器设置的应变片灵敏度系数)。预热 30 min,检查每个测量点初始不平衡值,如是较小不平衡数值并稳定时,表示此点连接正确。出现大的不平衡数值或显示"－－－－"时,应查明应变片或导线是否断、短路或其他异常情况,根据具体情况排除故障。对传感器施加拉压力,这时仪器测力表头显示值即为测量到的力值,拉力指示为正,压力指示为负,当载荷达到报警设置值时仪器报警。经此检查正确后对各通道清零后给测试件加载,加载完成后查看记录载荷值,仪器约以每秒所有测点的速率进行表头刷新显示。

2) 按键功能

仪器按键由数字键和功能键组成。

数字键的功能:数字键由数字 0~9 以及增(▲)、减(▼)键组成,主要用于数据采集通道的显示切换及应变片 K 值大小的设置及测力通道传感器参数设置。

功能键的功能:功能键共 12 个。即"翻页""复制""K 值设定"及"应变清零"键用于应变测试通道操作;"力单位设置""力量程设置""力灵敏度设置""力报警设置""力值清零"及"力设置解锁"键用于力传感器测试通道操作;"确定"及"返回"键为参数设置公用键。

3) 按键的操作

(1) 力传感器测试通道操作

① 力设置解锁。由于力传感器参数设置项目较多及报警功能具有对加载设备的保护功能,为了避免传感器各项参数被误改,造成实验结果的错误及加载设备的损坏,本仪器具有传感器参数设置保护功能。开机时默认测力传感器参数密码保护,即未输入密码的情况下各项参数不能修改,如强行设置时,测力表头显示"− − − −",提示密码保护。按"返回"键回测量界面。如需要修改传感器参数,按"力设置解锁"键进入解密界面,测力表头显示"− − − −"并闪烁,输入 4 位数字密码 4032,功能解锁,测力参数才可以修改。(注:参数修改完成后,按"确定"键。)

② 力传感器单位设置。按"力单位设置"键,设置传感器单位。如图 4.10(a)所示,这时测力数字表头左数第一位显示 L,在此种状态下前面板上数字键 1—4 与单位指示灯 t、KN、Kg、N 顺序对应,也可按增(▲)、减(▼)键选择单位。根据传感器的单位按一下对应的数字键,面板上对应的单位指示灯点亮,按"确定"键,对设置保存,传感器单位设置完成返回测量界面;按"返回"键放弃新单位选择返回测量界面。

③ 力传感器灵敏度设置。按"力灵敏度设置"键,设置传感器的灵敏度,如图 4.10(b)所示,这时数字表上显示带小数点的四位数,输入传感器灵敏度,如 1.988 mV/V,直接按数字键 1、9、8、8 即可(注意:一定要输全四个数字),按"确定"键保存新值返回测量界面;按"返回"键放弃新值修正返回测量界面。

④ 力传感器量程设置。按"力量程设置"键,设置传感器满量程,如图 4.10(c)所示,这时测力数字表头左数第一位显示 H,右侧四位显示满度值,输入传感器的满量程值,如 100N,直接按数字键 1、0、0 即可,按"确定"键,保存新值返回测量界面;按"返回"键放弃新值修正返回测量界面。

⑤ 力传感器报警设置。按"力报警设置"键,设置测力通道报警值,如图 4.10(d)所示,此时数字表头左数第一位显示 E,右侧四位显示过载报警值,如力传感器载荷超过 80 报警,直接输入 8、0 即可,当传感器加载到设置值时警报器会发出蜂鸣报警,按"确定"键,保存新值返回测量界面;按"返回"键放弃新值修正返回测量界面。

⑥ 测力清零。按"力值清零"键,对传感器输入通道清零。

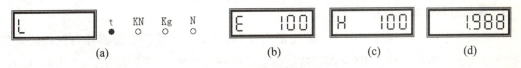

图 4.10 参数设置界面

（2）应变测试通道操作

① 切换应变通道显示测点：用户可通过"翻页"键来实现测点翻页切换；

② 应变片 K 值修正。当应变表头显示测量界面时，用户按"K值设定"键将应变表头显示切换为 K 值修正界面，应变表头显示当前页 8 个通道的 K 值，可方便查看上一次设置存储的 K 值或对 K 值进行修改，此时该页第一通道的通道显示位置闪烁，此时由数字键输入 4 位数字对当前通道 K 值进行修改，按"确定"键存储第一通道 K 值，第二通道的通道显示位置闪烁，进入第二通道的 K 值设置如上。例：当前 K 值为 2.000，若操作者输入四位数如 2080，则表头 K 值指示修正为 2.080，完成对应变片 K 值的设置，按"确定"键保存对该通道 K 值修正，并自动切换到下一通道，以此类推。也可按增(▲)、减(▼)键跳选到本页的其他通道设置 K 值。按"翻页"键，进入下一个页面。"翻页"后光标停留在当前页的第一个通道（也就是第一通道或第九通道）。在任一通道输入 4 位数字 K 值后，若按"复制"键则将 16 通道 K 值统一修改为与当前测点相同 K 值并自动保存退回测量界面；按"返回"键返回测量界面放弃当前通道 K 值设置不保存。

应变值与 K 值显示最显著的差别是显示应变时 8 个表头显示测点和测量值，应变测量值均为整数，如果有通道空点未用或桥路不平衡时测量界面该通道表头显示"－－－－"。如图 4.11(a)所示而 K 值均为 4 位值，一位整数 3 位小数，如图 4.11(b)所示。

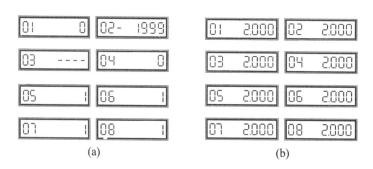

图 4.11　K 值显示界面

③ 应变清零。在测量状态下先按"应变清零"键，则应变测点全部清零。

五、数据采集分析系统的运行操作

略。

六、测力仪使用说明

1. 传感器与仪器的连接

仪器面板上部左侧装有一个 5 芯航空插头座，用于应变式拉压力传感器与仪器的连接。一般力学实验采用柱式或 S 型传感器，从接线上一般分为四线、六线制接法。航空插头座示意图如图 4.12 所示。

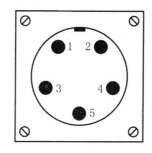

1 — 激励+
2 — 激励-
3 — 信号+
4 — 信号-
5 — 屏蔽（地）

图 4.12 航空插头座示意图

(1) 测力仪 5 芯航空插头接线定义

四线制接法：　　　　　　　　六线制接法：

激励+　　　　　　　　　　　激励+　　反馈+

激励-　　　　　　　　　　　激励-　　反馈-

信号+　　　　　　　　　　　信号+

信号-　　　　　　　　　　　信号-

屏蔽(地)　　　　　　　　　 屏蔽(地)

(2) 测力仪 5 芯航空插头接线方法

四线制接法：将传感器的输出线与航空插头的接线端焊接到一起，安装好插头即可。

六线制接法：将传感器的"激励+"与"反馈+"两条线绞合到一起，焊接到航空插头的"激励+"端；将"激励-"与"反馈-"两条线绞合到一起，焊接到航空插头"激励-"端，其它接线与对应序号的接线端焊接起来即可。

2. 传感器与仪器配合使用的标定设置

传感器与仪器第一次连接时必须进行标定设置。通常应变力传感器的生产厂家在出厂合格证（或检测报告）中，提供了传感器满量程、传感器灵敏度指标，以便进行标定设置。

注意：在使用传感器的过程中不应使传感器过载，以免损坏传感器；同时在标定时注意满量程的单位，以便标定时输入。

3. 测　量

仪器面板输入端插入传感器，打开仪器，预热 15 分钟后，按"力值清零"键，窗口显示值为 0，测量即可开始。对传感器施加拉压力时，窗口显示值即为测量到的力值，拉力指示为正，压力指示为负，当载荷超出传感器满度值 10% 时仪器报警。

七、注意事项

1. 仪器应尽可能在 0 ℃～40 ℃ 的温度环境中使用，避免阳光强烈照射。

2. 尽量远离磁场源（电机、大变压器），减小仪器干扰，并避免静电干扰及对元器件的损害。

3. 测量片与温度补偿片的阻值尽量选用一致，所用的连接导线直径和长度相同，这样便于平衡。

4. 测量片与补偿片不受阳光暴晒、高温辐射的影响，补偿片应粘贴在与试件相同的材料上，与测量片保持同样的温度，应变片对地绝缘电阻应在 500Ω 以上。

5. 测量过程中不得移动测量导线。

4.5 静态电阻应变仪

一、概述

XL-2118B18静态电阻应变仪广泛用于工程结构及材料任意点变形的实验应力分析,配接压力、拉力、扭矩、位移和温度传感器,对其物理量进行测试。该仪器是采用高精度24位A/D转换器、全新一代高性能 ARM 处理器、液晶显示、触摸屏操作等技术设计而成的一款仪器。仪器液晶显示具有表格/图形显示、数据采集、数据存储等功能。计算机外控模式时,可通过连接计算机与相应软件组成一套静态应变测量虚拟仪器测试系统。

二、仪器组成、技术指标、连接方法

XL-2118B静态电阻应变仪的组成、技术指标及应变片与仪器的连接方法同前面介绍的CML-1H型应变与力综合测试仪相似,这里不再赘述。

三、操作说明

1. 工作模式选择界面

XL-2118B静态电阻应变仪为用户提供了三种工作模式,分别为通用模式、高速模式和计算机控制模式,如图4.13所示。

本机工作模式包括通用模式和高速模式。若选择计算机控制模式,单击"控制模式"按钮,提示是否退出本机工作模式;单击"是"则退出本机工作模式,进入计算机控制模式,否则留在工作模式选择界面。

2. 表格显示功能按键

在本机工作模式下,仪器启动后自动进入表格显示界面,如图4.14所示,为8通道表格显示界面。

图 4.13 工作模式选择界面

图 4.14 表格显示

(1) 存储次数:显示存储器中数据存储次数,最多可存储1500次。
(2) 自动平衡:对所有通道进行零点标定,显示清零。
(3) 通道切换:翻屏,显示余下通道及数据。
(4) 单次采集:单击单次采集按钮,仪器自动采集一次数据。
(5) 连续采集:单击连续采集按钮(即采集开始),再次按下该按钮停止采集或达到采集次

数时自动停止采集。

(6) 监测采集：单击监测采集按钮（即采集开始），按参数设置中设定的时间间隔采集，再次按下该按钮停止采集或达到采集次数时自动停止采集。此采集方式适用于长时间数据采集测量。

(7) 返回上级：返回上级菜单即通用模式功能选择界面。

注意：时间间隔、采集次数在参数设置中设置。

3．参数设置

使用仪器时应先根据所测物理量进行参数设置，在通用模式功能选择界面单击"参数设置"按钮进入参数设置界面，如图 4.15 所示。

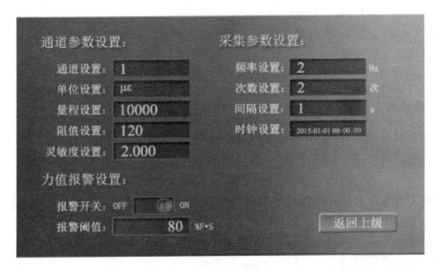

图 4.15　参数设置

1) 通道参数设置

(1) 通道设置：通道选择。输入任意通道号对该通道进行设置参数，或输入 99 统一设置参数。

(2) 单位设置：根据测量需要选择单位。

(3) 满量程设置：当用户使用"$\mu\varepsilon$"作单位时，仪器默认应变测量范围为 0 $\mu\varepsilon$～±38 000 $\mu\varepsilon$；当用户使用其他单位时，满量程设置范围为 1～99 999。

注意：设置的满量程均为整数。

(4) 电阻值设置：接线方式为 1/4 桥公共补偿时，根据所测应变片值选择相应的电阻值；选择其他测量方式时电阻值必须选择 120。

(5) 灵敏系数：应变片的灵敏系数设定范围 1.000～9.999。使用传感器时，输入传感器的应变灵敏度，输入范围 10－9999($\mu\varepsilon$/F·S)。

注意：当应变式传感器灵敏度单位为 mV/V 时，需将灵敏度转换为转换系数。计算公式为：应变灵敏度＝应变式传感器灵敏度 mV/V×2000。

2) 采集参数设置

(1) 频率设置：通用模式 0.8 Hz、2 Hz、5 Hz；高速模式 10 Hz～2 kHz。

(2) 采集次数设置：1～1 500。

(3)时间间隔设置:用于监测采集,即每达到设置时间采集一次数据。

3)力值报警设置

(1)报警开关:开关打开时,达到阈值则报警;开关关闭无报警。

(2)报警阈值:此参数为满量程的百分比,即当设置为 80 时,表示当力值达到满量程的 80%时报警。

注意:XL-2118B18 静态电阻应变仪阈值开关仅对第 17 通道有效。

4)返回上级:单击此按键,退出参数设置界面,返回通用模式功能选择界面。

4. 通用模式功能按键

单击"通用模式"按钮,进入通用模式功能选择界面。

(1)数据显示(8):8 通道表格显示。

(2)数据显示(16):16 通道表格显示。

5. 高速模式功能按键

单击"高速模式"按钮,进入高速模式功能选择界面。高速模式按键功能与通用模式相同。

四、注意事项

1. 仪器应尽可能在 0~40℃的温度环境中使用,避免阳光强烈照射。

2. 尽量远离磁场源(电机、大变压器),减小仪器干扰,并避免静电干扰及对元器件的损害。

3. 测量片与温度补偿片的阻值尽量选用一致,所用的连接导线直径和长度相同,这样便于平衡。

4. 测量片与补偿片不受阳光曝晒、高温辐射的影响,补偿片应粘贴在与试件相同的材料上,与测量片保持同样的温度,应变片对地绝缘电阻应在 500Ω 以上。

5. 测量过程中不得移动测量导线。

4.6 百分表

百分表是利用精密齿条齿轮机构制成的表式通用长度测量工具，主要用于检测工件的形状和位置误差（如圆度、平面度、垂直度、跳动等），也可用于校正零件的安装位置以及零件小位移的长度测量和变形等。百分表只能测出相对数值，不能测出绝对值。

一、构造

百分表构造如图 4.16 所示，主要有表盘、顶杆、固定杆、测杆、测头等组成。

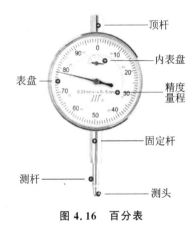

图 4.16 百分表

二、工作原理和使用方法

使用百分表时将百分表固定在表架上，顶杆测头借弹簧的作用压紧在欲测的试件上。当试件接触点有沿顶杆方向的位移时，推动顶杆使试件被测处引起的测杆微小直线移动，经过齿轮传动放大，变为指针在表盘上的转动，从而在表盘上指出被测尺寸的大小。百分表是利用齿条齿轮或杠杆齿轮传动，将测杆的直线位移变为指针的角位移的计量器具。

三、读数方法

一般百分表测头移动 1 mm 时，大指针旋转一圈，每圈有 100 个分格，每格便代表 1/100 mm。表上还有个小指针，它走一个分格时，大指针走一圈。一般百分表量程是 5 mm～10 mm。顶杆与物体接触好后，可以转动表盘使大指针对准"零"点。

百分表的读数方法为：先读小指针转过的刻度线（即毫米整数），再读大指针转过的刻度线并估读一位（即小数部分），并乘以 0.01，然后两者相加，即得到所测量的数值。

四、注意事项

1. 使用前，检查测杆活动的灵活性，即轻轻推动测杆时，测杆在套筒内的移动要灵活，没有任何轧卡现象，每次手松开后，指针能回到原来的刻度位置。
2. 操作时，只能拿表壳，不能任意推动顶杆，避免磨损机件，影响放大倍数。
3. 安装时，必须把百分表固定在可靠的夹持架上。表的顶杆应与被测物体表面垂直，并注意位移的正反方向和大小，以便调节顶杆，而使百分表有适当的测量范围。

附录　常用力学符号、性能名称新旧标准对照表

附表　常用力学符号、性能名称新旧标准对照表

新标准		旧标准	
(2010 版 GB/T 228 金属材料拉伸试验方法)		(2007 版 GB/T 228 金属材料拉伸试验方法)	
(2017 版 GB/T 7314 金属材料 室温压缩试验方法)		(2005 版 GB/T 7314 金属材料 室温压缩试验方法)	
(2007 版 GB/T 10128 金属材料 室温扭转试验方法)		(1988 版 GB/T 10128 金属材料 室温扭转试验方法)	
符号	性能名称	符号	性能名称
d	圆柱形试样平行长度部分的直径	d_0	圆柱形试样平行长度部分的直径
d_u	圆柱形试样断裂后缩颈处最小直径	d_1	圆柱形试样断裂后缩颈处最小直径
D	管外径	D_0	管外径
L_o	原始标距	l_0	原始标距
L_c	平行长度	l	平行长度
L_u	断后标距	l_1	断后标距
L	试件总长度	L	试件总长度
S_o	原始横截面积	S_0	原始横截面积
S_u	断后最小横截面积	S_1	断后最小横截面积
Z	断面收缩率	Ψ	断面收缩率
A	断后伸长率	δ	断后伸长率
F_m	最大力	F_b	最大力
—	屈服强度(拉伸)	σ_s	屈服点
R_{eH}	上屈服强度(拉伸)	σ_{sU}	上屈服点
R_{eL}	下屈服强度(拉伸)	σ_{sL}	下屈服点
R_m	抗拉强度	σ_b	抗拉强度
F_{eHc}	屈服时的实际上屈服压缩力	—	
F_{eLc}	屈服时的实际下屈服压缩力	F_{sc}	屈服压缩力
F_{mc}	最大实际压缩力	F_{bc}	最大压缩力
R_{eHc}	上压缩屈服强度	—	
R_{eLc}	下压缩屈服强度	σ_{sc}	压缩屈服点
R_{mc}	抗压强度	σ_{bc}	抗压强度
—	屈服扭矩	T_s	屈服扭距
T_{eH}	上屈服扭矩	T_{sU}	上屈服扭距
T_{eL}	下屈服扭矩	T_{sL}	下屈服扭距
T_m	最大扭矩	T_b	最大扭矩
φ	扭角	φ	扭角
G	剪切模量	G	剪切模量
—	屈服强度(扭转)	τ_s	屈服点
τ_{eH}	上屈服强度(扭转)	τ_{sU}	上屈服点
τ_{eL}	下屈服强度(扭转)	τ_{sL}	下屈服点
τ_m	抗扭强度	τ_b	抗扭强度

注：上述表中所列出的仅是本书中所涉及的力学符号和性能名称。

参考文献

[1] 秦莲芳.材料力学实验指导(内部讲义).沈阳:沈阳航空航天大学,2013.
[2] 金保森,卢智先.材料力学实验.北京:机械工业出版社,2003.
[3] 邢世建.材料力学实验.重庆:重庆大学出版社,1998.
[4] 刘鸿文.材料力学.北京:高等教育出版社,2011.
[5] 中国国家标准化管理委员会.金属材料 拉伸试验 第1部分 室温试验方法:GB/T 228.1—2010[S].北京:中国标准出版社,2010:12-23.
[6] 中国国家标准化管理委员会.金属材料 室温压缩试验方法:GB/T 7314—2017[S].北京:中国标准出版社,2017:2-28.
[7] 中国国家标准化管理委员会.金属材料 室温扭转试验方法:GB/T 10128—2007[S].北京:中国标准出版社,2007:11-23.
[8] 邹广平.材料力学实验基础.2版.哈尔滨:哈尔滨工程大学出版社,2018.
[9] 邓宗白.材料力学与训练.北京:高等教育出版社,2014.
[10] 微机控制电子万能试验机使用说明书.
[11] 微机控制电子扭转试验机使用说明书.
[12] 应变仪使用说明书.
[13] 材料力学多功能实验台使用说明书.